普通高等教育动画类专业系列教材

# After Effects 2022
## 影视动画后期特效与合成

### （微课视频版）

潘 登　刘晓宇　编著

清華大學出版社
北　京

## 内容简介

本书以通俗易懂的文字全面系统地介绍了After Effects 2022的软件操作和应用，帮助读者快速而全面地掌握这款专业的后期合成软件。全书共11章，包括后期合成的基础知识、软件概述、创建和管理项目、图层、文本动画、绘画与形状工具、蒙版和跟踪遮罩、创建三维空间动画、色彩调节与校正、抠像、商业案例实战等内容，各章内容由理论和实践组成，案例丰富、由浅入深，使读者能够快速掌握After Effects 2022的知识点，并应用到实际的动画项目制作中。

本书附赠立体化教学资源，包括案例素材文件、源文件、教学视频、PPT教学课件、教案、教学大纲、考试题库及答案，为读者学习提供全方位的支持，使其提高学习兴趣，提升学习效率。

本书可作为全国各大院校影视动画、游戏等相关专业的教材，也可作为广大视频编辑爱好者或相关从业人员的自学手册和参考资料。

**图书在版编目(CIP)数据**

After Effects 2022影视动画后期特效与合成：微课视频版 / 潘登，刘晓宇编著. —北京：清华大学出版社，2023.1（2025.1重印）

普通高等教育动画类专业系列教材

ISBN 978-7-302-62477-6

Ⅰ.①A… Ⅱ.①潘… ②刘… Ⅲ.①图像处理软件—高等学校—教材 Ⅳ.①TP391.413

中国国家版本馆CIP数据核字(2023)第017014号

责任编辑：李　磊
封面设计：杨　曦
版式设计：孔祥峰
责任校对：成凤进
责任印制：丛怀宇

出版发行：清华大学出版社
　　　　　网　　址：https://www.tup.com.cn，https://www.wqxuetang.com
　　　　　地　　址：北京清华大学学研大厦A座　　　　　邮　　编：100084
　　　　　社 总 机：010-83470000　　　　　邮　　购：010-62786544
　　　　　投稿与读者服务：010-62776969，c-service@tup.tsinghua.edu.cn
　　　　　质 量 反 馈：010-62772015，zhiliang@tup.tsinghua.edu.cn
印 装 者：三河市龙大印装有限公司
经　　销：全国新华书店
开　　本：185mm×260mm　　　印　　张：15　　　字　　数：470千字
　　　　　（附小册子1本）
版　　次：2023年3月第1版　　　印　　次：2025年1月第2次印刷
定　　价：79.80元

产品编号：092158-01

动画专业作为一个复合性、实践性、交叉性很强的专业，教材的质量在很大程度上影响着教学的质量。动画专业的教材建设是一项具体常规性的工作，是一个动态和持续的过程。本套教材结合课程实际应用、优化课程体系、强化实践教学环节、实施动画人才培养模式创新，在深入调查研究的基础上根据学科创新、机制创新和教学模式创新的思维，在本套教材的编写过程中我们建立了极具针对性与系统性的学术体系。

动画艺术独特的表达方式正逐渐占领主流艺术表达的主体位置，成为艺术创作的重要组成部分，对艺术教育的发展起着举足轻重的作用。目前随着动画技术日新月异的发展，对动画教育提出了挑战，在面临教材内容的滞后、传统动画教学方式与社会上计算机培训机构思维方式趋同的情况下，如何打破这种教学理念上的瓶颈，建立真正的与美术院校动画人才培养目标相契合的动画教学模式，是我们所面临的新课题。在这种情况下，迫切需要进行能够适应动画专业发展的自主教材的编写工作，以便引导和帮助学生提升实际分析问题、解决问题的能力，以及综合运用各模块的能力。高水平的动画教材无疑对增强学生的专业素养起着非常重要的作用。目前全国出版的供高等院校动画专业使用的动画基础书籍比较少，大部分都是没有院校背景的业余培训部门出版的纯粹软件书籍，内容单一，导致教材带有很强的重命令的直接使用而不重命令与创作的逻辑关系的特点，缺乏与高等院校动画专业的联系与转换，以及工具模块的针对性和理论上的系统性。针对这些情况，我们将通过教材的编写力争解决这些问题，在深入实践的基础上进行各种层面有利于提升教材质量的资源整合，初步集成了动画专业优秀的教学资源、核心动画创作教程、最新计算机动画技术、实验动画观念、动画原创作品等，形成多层次、多功能、交互式的教、学、研资源服务体系，发展成为辅助教学的最有力手段。同时，在教材的管理上针对动画制作技术发展速度快的特点保持及时更新和扩展，进一步增强了教材的针对性，突出创新性和实验性特点，加强了创意、实验与技术课程的整合协调，培养学生的创新能力、实践能力和应用能力。在专业教材建设中，根据美术类专业院校的实际需要，不断改进教材内容和课程体系，实现人才培养的知识、能力和素质结构的落实，构建综合型、实践型、实验型、应用型教材体系，加强实践性教学环节规范化建设，形成完善的实践性课程教学体系和实践性课程教学模式，通过教材的编写促进实际教学中的核心课程建设。

依照动画创作特性分成前、中、后期三个部分，按系统性观点实现教材之间的衔接关系，规范了整个教材编写的实施过程。整体思路明确，强调团队合作，分阶段按模块进行。在内容上注重审美、观念、文化、心理和情感表达的同时能够把握文脉，关注人物精神塑造的同时，找到学生学习的兴趣点，帮助学生维持创作的激情。通过动画系列教材的学习，首先让学生厘清进行动画创作的目的，即明白为什么要创作，再使学生清楚创作什么，进而思考选择什么手段进行动画创作。提高理解力，去除创作中的盲目性、表面化，引发学生对作品意义的讨论和分析，加深学生对动画艺术创作的理解，为学生提供动画的创作方式和经验，开阔学生的视野和思维，为学生的创作提供多元思路，使学生明确创作意图，选择恰当的表达方式，创作出好的动画作品。通过对动画创作全面的学习使学生形成健康的心理、开朗的心胸、宽阔的视野、良好的知识架构、优良的创作技能。采用全面、立体的知识理论分析，引导学生建立动画视听语言的思维和逻辑，将知识和创作有机结合起来。在原有的基础上提高辅导质量，进一步提高学生的创新实践能力和水平，强化学生的创新意识，结合动画艺术专业的教学特点，分步骤、分层次对教学环节的各个部分有针对性地进行合理的规划和安排。在动画各项基础内容的编写过程中，在对之前教学效果分析的基础上，进一步整合资源，调整模块，扩充内容，分析以往教学过程中的问题，加大教材中学生创作练习的力度，同时引入先进的创作理念，积极与一流动画创作团队进行交流与合作，通过有针对性的项目练习引导教学实践。积极探索动画教学新思路，面对动画艺术专业新的发展和挑战，与专家学者展开动画基础课程的研讨，重点讨论研究动画教学过程中的专业建设创新与实践。进行教材的改革与实验，目的是使学生在熟悉具体的动画创作流程的基础上能够体验到在具体的动画制作中如何把控作品的风格节奏、成片质量等问题，从而切实提高学生实际分析问题与解决问题的能力。

在新媒体的语境下，我们更要与时俱进或者说在某种程度上高校动画的科研需要起到带动产业发展的作用，需要创新精神。本套教材的编写从创作实践经验出发，通过对产业的深入分析及对动画业内动态发展趋势的研究，旨在推动动画表现形式的扩展，以此带动动画教学观念方面的创新，将成果应用到实际教学中，实现观念、技术与世界接轨，起到为学生打开全新的视野、开拓思维方式的作用，达到一种观念上的突破和创新。我们要实现中国现代动画人跨入当今世界先进的动画创作行列的目标，那么教育与科技必先行，因此希望通过这种研究方式，能够为中国动画的创作起到积极的推动作用。就目前教材呈现的观念和技术形态而言，解决的意义在于把最新的理念和技术应用到动画的创作中去，扩宽思路，为动画艺术的表现方式提供更多的空间，开拓一块崭新的领域。同时打破思维定式，提倡原创精神，起到引领示范作用，能够服务于动画的创作与专业的长足发展。

余春娇

天津美术学院动画艺术系

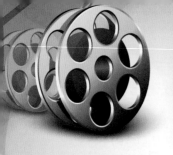  前言

　　After Effects 2022是Adobe公司推出的一款基于图层的图像视频处理软件，也是当前主流的视频合成和特效制作软件之一。After Effects与其他Adobe软件紧密集成，内置了数百种预设效果和动画，利用灵活的2D和3D合成，在影视后期特效、电视栏目包装、企业和产品宣传等领域得到了广泛的应用。

　　对于实践性很强的应用软件，最佳的学习方法就是理论加实践。本书针对这一点，从基础的理论和案例入手，由浅入深，无论是After Effects的初学者，还是有一定基础的软件使用者，本书内容都有可学习之处。在编写本书的过程中，作者借鉴和改编了部分国内外的优秀案例，让读者能够扩展项目的制作思路。通过经典的实战案例，快速掌握实际项目的制作流程。

　　本书全面系统地介绍了影视动画后期合成与特效的知识，提供了大量的实战案例，帮助读者快速掌握软件的使用方法和技巧。全书共11章，第1章主要介绍视频制作的相关基础概念；第2章对软件的窗口和面板进行详细介绍；第3章介绍如何导入不同类型的素材文件，以及创建影片的基本工作流程和方法；第4章详细介绍After Effects中的图层类型、图层的基础操作、图层的混合模式，以及简单的关键帧动画的创建方式；第5章详细介绍创建文本、编辑文本、制作文本动画、添加文本效果等知识；第6章对绘画工具和形状图层的属性及应用进行详细介绍；第7章对蒙版和跟踪遮罩的具体应用进行详细介绍；第8章详细介绍创建三维空间动画的基础知识和操作方法；第9章详细介绍色彩的基础知识和调色效果的使用方法；第10章对抠像效果命令及使用注意问题进行详细介绍；第11章通过综合实践与练习，让读者学以致用，全面掌握商业案例的设计与制作。

　　在学习After Effects的过程中，建议读者先厘清案例的制作思路和方法，再去学习绚丽的效果和插件，同时注重综合素质和艺术修养的不断提升，只有这样才能够设计与制作出优秀的视频作品。

　　本书提供了案例素材文件、源文件、教学视频、PPT教学课件、教案、教学大纲、考试题库及答案等立体化教学资源，读者可扫描右侧的二维码，推送到自己的邮箱后下载获取。注意：下载完成后，系统会自动生成多个文件夹，配套资源被分别存储在其中，请将所有文件夹里的资源复制出来即可。

立体化教学资源

　　本书由潘登、刘晓宇编写，在成书的过程中，高思、高建秀、程伟华、孟树生、李永珍、程伟国、华涛、程伟新、邵彦林、邢艳玲等人也参与了部分编写工作。

　　由于作者编写水平所限，书中难免有疏漏和不足之处，恳请广大读者批评、指正。

编　者

2022.10

# 目录

# 目录

# 第1章
## 进入合成的世界

- 视频格式基础
- 电视制式
- 文件格式

After Effects是Adobe公司推出的一款视频处理软件，可以实现超凡的视觉效果。不仅与其他Adobe系列产品紧密集成，而且本身也具备丰富的滤镜效果。利用软件灵活的2D和3D合成，用户可以快速、精确地完成动画电影、动画广告的制作。

# 1.1　视频格式基础

熟悉视频基本的组成单位和标准格式要求，有助于用户更加有效地对视频进行编辑处理，在项目设置环节选择更为合适的选项标准，设置更为准确的格式。

## 1.1.1　像素与分辨率

像素是构成数字图像的基本单元，通常以像素/英寸为单位来表示图像分辨率的大小。把图像放大数倍，会发现图像是由多个色彩相近的小方格所组成，这些小方格就是构成图像的最小单位——像素。图像中的像素点越多，色彩越丰富，图像效果越好，如图1-1所示。

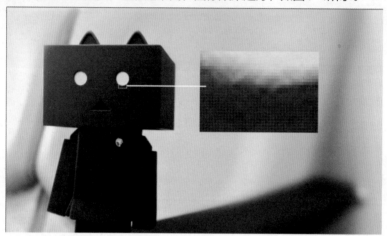

图1-1

## 1.1.2　像素长宽比

像素长宽比是指图像中的一个像素的宽度与高度之比，方形像素长宽比为1.0(1∶1)。计算机产生的图像的像素长宽比永远是1∶1，而电视设备所产生的视频图像就不一定是1∶1，如我国的PAL制式的像素长宽比就是16∶15=1.07。同时，PAL制式规定画面宽高比为4∶3。根据宽高比的定义来推算，PAL制式的图像分辨率应为768×576，这是在像素为1∶1的情况下，可是PAL制式的分辨率为720×576。因此，实际PAL制式图像的像素长宽比是768∶720=16∶15=1.07。也就是通过把正方形像素"拉长"的方法，保证了画面4∶3的宽高比例。

## 1.1.3　画面大小

数字图像是以像素为单位表示画面的高度和宽度的。标准的画面像素大小有许多种，如DV画面像素大小为720×576，HDV画面像素大小为1280×720和1400×1080，HD高清画面像素大小为1920×1080等。用户也可以根据需要自定义修改画面像素大小。

### 1.1.4 场

交错式扫描就是先扫描帧的奇数行得到奇数场，再扫描偶数行得到偶数场。每一帧由两个场组成，即奇数场和偶数场，又称为上场和下场。场以水平分隔线的方式隔行保存帧的内容，在显示时可以选择优先显示上场内容或下场内容。

计算机操作系统是以非交错扫描形式显示视频的，非交错式扫描是比交错式扫描更为先进的扫描方式，每一帧图像一次性垂直扫描完成，即为无场。

### 1.1.5 帧与帧速率

帧就是动态影像中的单幅影像画面，是动态影像的基本单位，相当于电影胶片上的每一格镜头。一帧就是一个静止的画面，多个画面逐渐变化的帧快速播放，就形成了动态影像。

关键帧就是指画面或物体变化中的关键动作所处的那一帧，即比较关键的帧。关键帧与关键帧之间的动画画面可以由软件来创建，这一过程称为补间动画，中间的帧称为过渡帧或者中间帧，如图1-2所示。

帧速率就是每秒显示的静止图像帧数，通常用帧/秒表示。帧速率越高，视频画面就越流畅。如果帧速率过小，视频画面就会不连贯，影响观看效果。电影的帧速率为24帧/秒，我国电视的帧速率为25帧/秒。通过改变帧速率的方法，用户可以达到快速镜头或慢速镜头的表现效果。

图1-2

## 1.2 电视制式

电视制式是用来实现电视图像信号和声音信号所采用的一种技术标准，电视信号的标准可以简称为制式。由于世界各国信号和所执行的电视制式的标准不同，电视制式也是有些区别的，主要表现在帧速率、分辨率和信号带宽等多方面。世界上主要使用的电视制式有NTSC、PAL和SECAM 3种。

### 1.2.1 NTSC制式

NTSC(National Television Standards Committee，美国国家电视标准委员会)制式一般被称为正交调制式彩色电视制式，是1952年由美国国家电视标准委员会制定的彩色电视广播标准，采用正交平衡调幅的技术方式。

采用NTSC制式的国家有美国、日本、韩国、菲律宾、加拿大等。

### 1.2.2 PAL制式

PAL(Phase Alternating Line，逐行倒相)制式一般被称为逐行倒相式彩色电视制式，是西德在1962年制定的彩色电视广播标准，它采用逐行倒相正交平衡调幅的技术方法，克服了NTSC制式相位敏感造成色彩失真的缺点。

采用PAL制式的国家有德国、中国、英国、意大利和荷兰等。PAL制式中根据不同的参数细节，进一步划分为G、I、D等制式，中国采用的制式为PAL-D。

### 1.2.3 SECAM制式

SECAM(Systeme Electronique Pour Couleur Avec Memoire，顺序传送彩色与记忆制)制式一般被称为轮流传送式彩色电视制式，是法国在1956年提出、1966年制定的一种新的彩色电视制式。

采用SECAM制式的国家和地区有法国、东欧、非洲各国和中东一带。

# 1.3 文件格式

在项目编辑的过程中会遇到多种图像和音视频格式，掌握这些格式的编码方式和特点，有助于用户更好地选择合适的格式。

### 1.3.1 编码压缩

由于有些文件过大，导致占用空间较多，为了节省空间和方便管理，需要将文件重新压缩编码计算，以便得到更好的效果。压缩分为无损压缩和有损压缩两种。

无损压缩就是压缩前后数据完全相同，没有损失。有损压缩就是损失一些人们不敏感的音频或图像信息，以减小文件体积。压缩的比例越大，文件损失的数据就越多，压缩后的效果就越差。

### 1.3.2 图像格式

图像格式是计算机存储图像的格式，常见的图像格式有GIF格式、JPEG格式、BMP格式和PSD格式等。

**1. GIF格式**

GIF格式全称Graphics Interchange Format，是图形交换格式，是一种基于LZW算法的连续色调的无损压缩格式。GIF格式的压缩率一般在50%左右，支持的软件较为广泛。GIF格式可以在一个文件中存储多幅彩色图像，并可以逐渐显示，构成简单的动画效果。

**2. JPEG格式**

JPEG格式全称Joint Photographic Expert Group，是最常用的图像文件格式之一，由软件开发联合会组织制定，是一种有损压缩格式，能够将图像压缩在很小的存储空间中。JPEG格式是目前网络上比较流行的图像格式，可以把文件压缩到最小，用最少的磁盘空间得到较好的图像品质。

**3. TIFF格式**

TIFF格式全称Tag Image File Format，该格式支持多种编码方法，是图像文件格式中较复杂的格式，具有扩展性、方便性、可改性等特点，多用于印刷领域。

**4. BMP格式**

BMP格式全称Bitmap，是Windows环境中的标准图像数据文件格式。BMP格式采用位映射存储格式，不采用其他任何压缩，所需空间较大，支持的软件较为广泛。

**5. TGA格式**

TGA格式又称Targa，全称Tagged Graphics，是一种图形图像数据的通用格式，是多媒体视频编辑转换的常用格式之一。TGA格式对不规则形状的图形图像支持较好，支持压缩，使用不失真的压缩算法。

### 6. PSD格式

PSD格式全称Photoshop Document，是Photoshop图像处理软件的专用文件格式。PSD格式支持图层、通道、蒙版和不同色彩模式的各种图像特征，是一种非压缩的原始文件保存格式。PSD格式保留图像的原始信息和制作信息，方便软件处理修改，但文件较大。

### 7. PNG格式

PNG格式全称Portable Network Graphics，即便携式网络图形。PNG格式能够提供比GIF格式还要小的无损压缩图像文件，并且保留通道信息，可以制作背景为透明的图像。

## 1.3.3 视频格式

视频格式是计算机存储视频的格式，常见的视频格式有MPEG格式、AVI格式、MOV格式和WMV格式等。

### 1. MPEG格式

MPEG(Moving Picture Experts Group，动态图像专家组)是针对运动图像和语音压缩制定国际标准的组织。MPEG标准的视频压缩编码技术主要利用了具有运动补偿的帧间压缩编码技术以减小时间冗余度，大大增强了压缩性能。MPEG格式被广泛应用于各个商业领域，成为主流的视频格式之一。MPEG格式包括MPEG-1、MPEG-2和MPEG-4等。

### 2. AVI格式

AVI(Audio Video Interleaved，即音频视频交错格式)是将语音和影像同步组合在一起的文件格式。通常情况下，一个AVI文件里会有一个音频流和一个视频流。AVI文件是Windows操作系统中最基本，也是最常用的一种媒体格式文件。AVI格式作为主流的视频文件格式之一，被广泛应用于影视、广告、游戏和软件等领域，但由于该文件格式占用内存较大，经常需要进行一些压缩。

### 3. MOV格式

MOV格式即QuickTime封装格式，是 Apple(苹果)公司创立的一种视频格式，是一种优秀的视频编码格式，也是常用的视频格式之一。

### 4. ASF格式

ASF(Advanced Streaming Format，高级串流格式)是一种可以在网上即时观赏的视频流媒体文件压缩格式。

### 5. WMV格式

Windows Media格式输出的是WMV格式文件，其全称是Windows Media Video，是Microsoft公司推出的一种流媒体格式。在同等视频质量下，WMV格式的文件可以边下载边播放，很适合在网上播放和传输，因此也成为常用的视频文件格式之一。

### 6. FLV格式

FLV是Flash Video的简称，是一种流媒体视频格式。FLV格式文件体积小，方便网络传输，多用于网络视频播放。

### 7. F4V格式

F4V格式是Adobe公司为了迎接高清时代而推出的继FLV格式后支持H.264的F4V流媒体格式。F4V格式和FLV格式的主要区别在于，FLV格式采用H.263编码，而F4V格式则支持H.264编码的高清晰视频。在文件大小相同的情况下，F4V格式文件更加清晰流畅。

## 1.3.4　音频格式

音频格式是计算机存储音频的格式，常见的音频格式有WAV格式、MP3格式、MIDI格式和WMA格式等。

### 1. WAV格式

WAV格式是Microsoft公司开发的一种声音文件格式。该格式支持多种压缩算法，支持多种音频位数、采样频率和声道。WAV格式支持的软件较为广泛。

### 2. MP3格式

MP3全称为MPEG Audio Player 3，是MPEG标准中的音频部分，也就是MPEG音频层。MP3格式采用保留低音频、高压高音频的有损压缩模式，具有10∶1~12∶1的高压缩率，文件体积小、音质好，因此MP3格式成为较为流行的音频格式。

### 3. MIDI格式

MIDI(Musical Instrument Digital Interface，乐器数字接口)是编曲界最广泛的音乐标准格式。MIDI格式用音符的数字控制信号来记录音乐，在乐器与计算机之间以较低的数据量进行传输，存储在计算机里的数据量也相当小，一个MIDI文件每存1分钟的音乐只用大约5~10KB。MIDI文件主要用于原始乐器作品、流行歌曲的业余表演、游戏音轨和电子贺卡等。

### 4. WMA格式

WMA (Windows Media Audio)是Microsoft公司推出的音频格式，该格式的压缩率一般都可以达到1∶18左右，其音质超过MP3格式，更远胜于RA(Real Audio)格式，成为广受欢迎的音频格式之一。

### 5. Real Audio格式

Real Audio(RA)是一种可以在网上实时传输和播放的音频流媒体格式。Real的文件格式主要有RA(RealAudio)、RM(RealMedia, RealAudio G2)和RMX(RealAudio Secured)等。RA文件压缩率高，可以随网络带宽的不同而改变声音的质量，带宽高的听众可以听到较好的音质。

### 6. AAC格式

AAC (Advanced Audio Coding，高级音频编码)是杜比实验室提供的技术。AAC格式是遵循MPEG-2规格所开发的技术，可以在比MP3格式小30%的体积下，提供更好的音质效果。

# 第2章
## 软件概述

- 软件简介
- 软件界面
- 菜单
- 常用面板
- 设置首选项

学习软件的基础操作之前,用户需要对软件的窗口和面板有一个比较全面的了解。在进行实际项目制作时,系统将以默认的设置运行该软件,为了适应不同的制作需求,用户还需要了解和设置软件的首选项。

# 2.1　软件简介

After Effects是Adobe公司推出的一款视频处理软件,2021年10月After Effects 2022发布,利用与其他Adobe软件的紧密集成以及高度灵活的2D和3D合成,有助于用户快速且精确地创建绚丽的视觉效果。

单击【开始】>【所有程序】选项,找到After Effects 2022软件并单击,即可启动软件,如图2-1所示。

图2-1

# 2.2　软件界面

在学习软件的基础操作之前,用户需要对软件中的窗口和面板有一个比较全面的了解。

## 2.2.1　标准工作界面

After Effects 2022为用户提供了一个可以根据需求而自由定制的工作界面。用户可以根据个人的工作需求自由调整面板的位置和大小,也可以隐藏或显示某些面板。

初次启动After Effects 2022之后,软件的界面为标准工作界面,主要由标题栏、菜单栏、工具栏、【项目】面板、【合成】面板、【时间轴】面板等构成,如图2-2所示。

**1. 标题栏**

标题栏一般位于软件的上方位置,用于显示软件的图标、名称和项目名称。

**2. 菜单栏**

菜单栏共包含9个菜单选项,分别为【文件】【编辑】【合成】【图层】【效果】【动画】【视图】【窗口】【帮助】菜单。

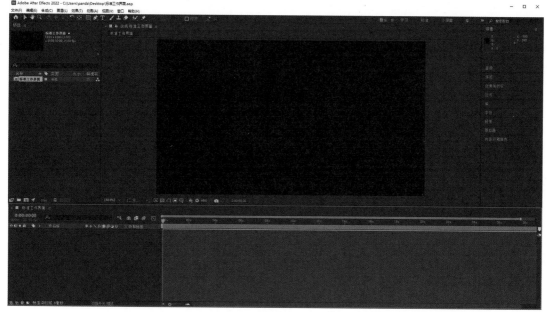

图2-2

### 3. 工具栏

工具栏提供了常用的图像操作工具，如选择工具、手形工具、缩放工具、遮罩工具、钢笔工具、Rota笔刷工具等，如图2-3所示。

图2-3

### 4.【项目】面板

【项目】面板主要用来存储和管理素材。在【项目】面板中，用户可以查看素材的大小、持续时间、帧速率等信息，也可以对素材进行解释、替换、重命名、重新加载等操作。如果项目中的素材很多，用户也可以通过添加文件夹的方式分类和管理素材。

### 5.【合成】面板

【合成】面板主要用来显示各个层的效果，分为显示区域和操作区域。用户可以在其中设置画面的显示质量、调整该面板的显示大小及多视图显示等。

### 6.【时间轴】面板

【时间轴】面板是用户添加效果和关键帧等的主要面板。【时间轴】面板主要分为两个区域，左侧为面板的控制区域，右侧为时间轴编辑区域。它是After Effects 2022中操作最为频繁的面板。

### 7.【综合控制】面板

【综合控制】面板又分为【信息】面板、【音频】面板、【字符】面板、【效果和预设】面板、【绘画】面板等，用户可以手动打开或关闭面板。

上述提到的面板和菜单，在后面的章节中将有详细的说明。

图2-4

## 2.2.2　调整面板布局

用户可以自由地调节面板的位置，将面板移动到组内或组外，将面板并排放在一起，以及创建浮动面板，以便其漂浮在应用程序窗口上方的新窗口中。当用户重新排列面板时，其他面板会自动调整大小以适应窗口。

### 1. 停靠和成组面板

将任意面板拖曳到其他面板区域时，在面板的周围会出现一个分块的区域，该区域就是可以放置当前面板的区域。如果将一个面板放置在当前面板的中间或者最上端的选项卡区域，面板之间会进行成组的操作，如图2-5所示。

图2-5

如果将该面板放置在当前面板的边缘位置，面板之间会进行大小的自适应调整，如图2-6所示。

图2-6

在图2-6中，将选中的面板移动到当前面板的左侧边缘位置，最终该面板也停靠在当前面板的左侧，所以用户可以通过移动选中的面板在当前面板中的位置(上下左右)来确定最终的停靠位置。

## 2. 调整面板的大小

将鼠标指针移动到两个相邻的面板边界时，鼠标指针会变成"分隔线"形状 ↔，拖动鼠标指针即可调整相邻面板之间在水平或竖直方向上的尺寸，如图2-7所示。

将鼠标指针置于3个或更多面板组之间的交叉点时，鼠标指针将变为"四向箭头"形状 ✛，用户可以在水平和垂直方向上调整面板的大小。

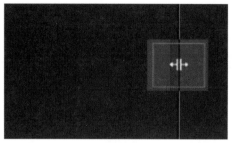

图2-7

※技巧※

当鼠标指针停留在任意面板上时，按键盘上的~键，当前面板将最大化显示，再次按下~键可以恢复到原始大小。

## 3. 浮动面板

选择需要浮动的面板，在当前面板名称上单击鼠标右键，在弹出的菜单中选择【浮动面板】命令；也可以按住Ctrl键将面板从当前位置脱离，或将面板直接拖放到应用程序窗口之外，即可将当前面板变为浮动状态。

## 4. 关闭或显示面板

即使面板是打开的，也可能位于其他面板下而无法看到。在【窗口】菜单中选择一个面板，即可打开它并将该面板置于所在组的前面。

选择需要关闭的面板，在当前面板名称上单击鼠标右键，在弹出的菜单中选择【关闭面板】命令即可。如果需要重新显示该面板，通过【窗口】菜单再次选中该面板即可。

※提示※

当一个面板组中包含多个面板时，有些面板将被隐藏显示，用户可以单击任意面板名称进行切换，也可以单击右侧的箭头 »，在弹出的下拉菜单中直接进行面板的选择，如图2-8所示。

图2-8

# 2.3 菜单

菜单栏共包含9个菜单选项，分别为【文件】【编辑】【合成】【图层】【效果】【动画】【视图】【窗口】【帮助】菜单，如图2-9所示。

文件(F)　编辑(E)　合成(C)　图层(L)　效果(T)　动画(A)　视图(V)　窗口　帮助(H)

图2-9

## 2.3.1 【文件】菜单

【文件】菜单中的命令主要是针对文件和素材的一些基本操作，如新建和存储项目、导入素材、解释素材等，如图2-10所示。

### 2.3.2 【编辑】菜单

【编辑】菜单包含常用的编辑命令，如撤销、复制、拆分图层、清除、提取工作区域等，如图2-11所示。

### 2.3.3 【合成】菜单

【合成】菜单主要是对当前合成进行设置，如新建合成、合成设置、VR以及合成的渲染输出设置等，如图2-12所示。

图2-10

图2-11

图2-12

### 2.3.4 【图层】菜单

【图层】菜单包含的新建图层、纯色设置、蒙版、3D图层、混合模式、摄像机和文本操作等，如图2-13所示。

### 2.3.5 【效果】菜单

【效果】菜单包含常用的效果命令，是较为常用的菜单之一，如图2-14所示。用户也可以通过安装插件的方式增加效果。

### 2.3.6 【动画】菜单

【动画】菜单中的命令主要用于设置动画关键帧和关键帧属性等，如添加关键帧、关键帧速度、关键帧辅助、跟踪运动、显示动画的属性等，如图2-15所示。

图2-13

图2-14

图2-15

## 2.3.7 【视图】菜单

【视图】菜单中的命令主要用于调整视图的显示方式，如分辨率、显示参考线、显示网格、显示图层控件等，如图2-16所示。

## 2.3.8 【窗口】菜单

【窗口】菜单中的命令主要用于打开或者关闭面板和窗口，如图2-17所示。

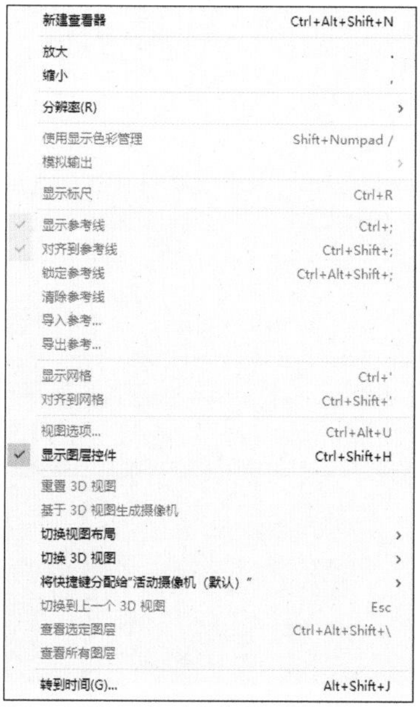

图2-16

图2-17

### 2.3.9 【帮助】菜单

【帮助】菜单用于显示当前的版本信息、脚本帮助、表达式引用、效果参考、动画预设、键盘快捷键、登录和管理账户等,如图2-18所示。

图2-18

# 2.4 常用面板

### 2.4.1 【项目】面板

【项目】面板主要用来存储和管理素材。在【项目】面板中,用户可以查看素材的大小、持续时间、帧速率等信息,也可以对素材进行解释、替换、重命名、重新加载等操作,如图2-19所示。

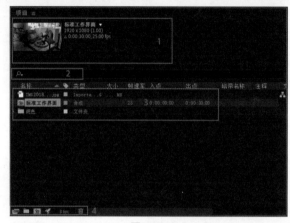

图2-19

※**参数详解**

1. 用于显示被选择的素材信息,如素材的分辨率、持续时间、帧速率等。

2. 在素材数量庞大、文件夹较多的情况下,通过手动输入名称的方式用户可以快速地完成素材的查找工作。

3. 用于显示和排列合成中的所有素材,用户可以查询素材的大小、持续时间、类型、文件路径等。

4. 【项目】面板中的一些常用工具按钮。

**解释素材**:在选中素材时,单击该按钮,弹出【解释素材】对话框,在该对话框中可以设置Alpha通道、帧速率、开始时间码、场和Pulldown以及其他选项等,如图2-20所示。

**新建文件夹**:单击该按钮,新建一个文件夹,用于分类和管理各类素材。

**新建合成**:单击该按钮,新建一个新的合成,也可以拖曳素材至该图标上,从而创建与素材相同尺寸的合成。

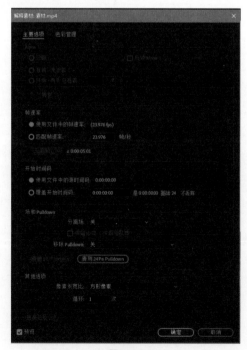

图2-20

**项目设置** ✒️：单击该按钮，打开【项目设置】对话框，调整项目渲染设置。

**颜色深度** 8 bpc：用于设置项目的颜色深度。

> ※**提示**※
>
> 8bpc(bit per channel)，即每个通道为8位。

如果一张图片支持256种颜色，那么就需要256个不同的值来表示不同的颜色。8bpc是指像素的每个颜色通道可以具有从0(黑色)到255(纯饱和色)的值($2^8$)，所以颜色深度是8。颜色深度越大，图片占的空间越大。虽然颜色深度越大能显示的色数就越多，但并不意味着高深度的图像转换为低深度(如24位深度转为8位深度)就一定会丢失颜色信息，因为24位深度中的所有颜色都能用8位深度来表示，只是8位深度不能一次性表达所有24位深度色而已。

按住键盘上的Alt键，单击可以循环切换项目的颜色深度。

**删除** 🗑️：选择需要删除的素材或者文件夹，单击该按钮，即可完成删除，或者将其拖曳至该图标上完成删除操作。

## 2.4.2 【合成】面板

【合成】面板可以用来观察素材和各个图层的创建效果，主要分为显示区域和操作区域。在【合成】面板中，用户可以直接选择【新建合成】或【从素材新建合成】选项，快速地创建合成项目，如图2-21所示。

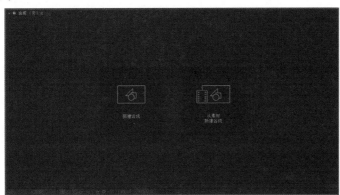

图2-21

用户可以在【合成】面板中设置画面的显示质量、调整【合成】面板的显示大小及多视图显示等，如图2-22所示。

图2-22

**※参数详解**

**放大率弹出式菜单** (40.2%) **：** 用于设置合成图像的显示大小。在下拉列表中预设了多种显示比例，用户也可以选择【适合】选项，自动调整图像显示比例。

> **※技巧※**
>
> 　　用户可以通过在【合成】面板中滑动鼠标中键对预览画面进行缩放操作，或通过Ctrl+加号(+)或减号(-)键对预览画面进行放大或缩小。

**选择网格和参考线选项** ⊞ **：** 用于设置是否显示参考线、网格等辅助元素，如图2-23所示。

图2-23

**切换蒙版和形状路径可见性** ◰ **：** 用于设置是否显示蒙版和形状路径的可见性，如图2-24所示。

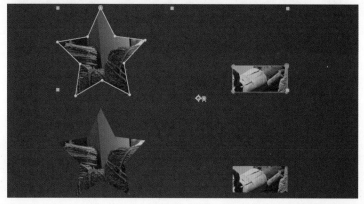

图2-24

**预览时间** 0:01:06:23 **：** 用于显示【当前时间指示器】所处位置的时间信息。用户可以单击【预览时间】按钮，在弹出的【转到时间】对话框中设置【当前时间指示器】所处的位置，如图2-25所示。

**拍摄快照** 📷 **：** 单击该按钮，将保存当前时间的图像信息。

**显示快照** 🗗 **：** 单击该按钮，将显示快照的图像。

图2-25

> **※技巧※**
>
> 　　执行【编辑】>【清理】>【快照】命令，可以将计算机内存中的快照删除。

**显示通道及色彩管理设置**：用于设置通道及色彩管理模式。在下拉列表中提供了多种通道模式。

**重置曝光度(仅影响视图)**：单击该按钮，将重置合成中图像的曝光度。

**调整曝光度(仅影响视图)**：用于设置曝光的程度。

**分辨率/向下采样系数弹出式菜单**：用于设置图像显示的分辨率。在下拉列表中预设了多种显示方式。用户可以通过更改分辨率参数调整图像的显示质量以加快渲染速度，显示质量不影响最终的输出渲染质量，如图2-26所示。

图2-26

**目标区域**：用于指定图像的显示范围。单击该按钮，将显示一个矩形区域，用户可以通过调节矩形区域的大小完成图像显示范围的调节，如图2-27所示。

**切换透明网格**：单击该按钮，背景将以透明网格进行显示，如图2-28所示。

图2-27

图2-28

当合成中创建3D图层以后，在【合成】面板中将出现以下按钮。

**打开或关闭快速3D预览**：用于设置是否减少预览时的延迟。

**3D地平面**：在打开"草图3D"模式下导航时，"3D 地平面"可以明确方向并营造出一种空间感，提供根据彼此间的关系确定摄像机、光线和 3D 图层位置的视觉提示。

**3D渲染器**：用于设置软件中的3D渲染器。

**3D视图弹出式菜单**：用于设置用户观察的角度。当用户将普通图层转换为3D图层并添加摄像机后，可以通过多个角度观察效果。

**选择视图布局**：用于设置视图显示的数量和不同的观察方式，多用于观察三维空间动画合成中素材的位置，如图2-29所示。

图2-29

### 2.4.3 【时间轴】面板

【时间轴】面板是添加图层效果和动画的主要面板。在【时间轴】面板中用户可以进行很多操作，例如设置素材的出点和入点位置、添加动画和效果、设置图层的混合模式等。在【时间轴】面板中底部的图层会首先进行渲染。左侧为控制面板区域，由图层的控件组成；右侧是时间轴图层的编辑区域，如图2-30所示。

图2-30

A区域主要包括下列工具按钮，如图2-31所示。

图2-31

**时间码** `0:01:06:23`：用于显示【当前时间指示器】所在的位置，用户也可以单击当前时间码，输入数字来调整【当前时间指示器】的位置。

> ※**技巧**※
>
> 按住Ctrl键并单击，将替代显示样式，如图2-32所示。

图2-32

**搜索** ：用于搜索和查找图层及其他属性设置。

**合成微型流程图**：单击该按钮，用户可以快速地查看合成嵌套关系，如图2-33所示。

图2-33

**隐藏图层**：用于设置是否隐藏设置了【消隐】开关的所有图层，如图2-34所示。

图2-34

**帧混合** ：单击该按钮，设置了【帧混合】开关的所有图层将启用帧混合效果，如图2-35所示。

图2-35

**运动模糊** ：单击该按钮，在【时间轴】面板中已经添加了运动模糊效果并且运动的图层将显示动态模糊效果，如图2-36所示。

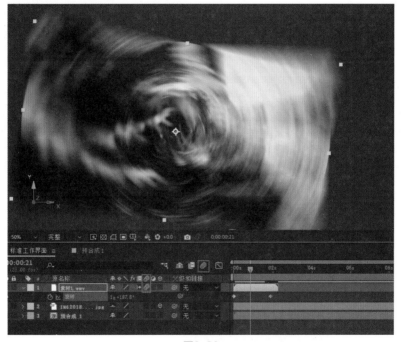

图2-36

**图表编辑器** ：用于切换【时间轴】面板操作区域的显示方式，如图2-37所示。

图2-37

B区域和C区域的图层按钮选项，在第4章中将有详细介绍。

## 2.4.4 其他常用面板

【信息】面板：【信息】面板用于显示在【合成】面板中鼠标指针停留区域的颜色信息和位置信息，如图2-38所示。

【效果和预设】面板：在【效果和预设】面板中，用户可以直接调用效果，为图层添加效果。同时，After Effects 2022也为用户提供了已经制作完成的动画预设效果，预设效果包含文字动画、图像过渡等，用户可以在动画预设中直接调用，如图2-39所示。

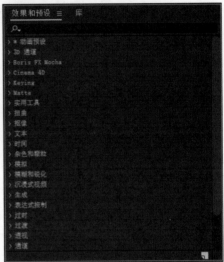

图2-38                    图2-39

【段落】面板：【段落】面板主要用于设置文本的对齐方式、缩进方式等，如图2-40所示。

【预览】面板：在进行合成预览时，用户可以通过该面板进行控制，如图2-41所示。

【效果控件】面板：【效果控件】面板用于显示和调节图层的效果参数，如图2-42所示。

图2-40          图2-41          图2-42

【图层】面板：【图层】面板用于对合成中的图层进行观察和设置。用户可以直接在【图层】面板中调节图层的入点和出点，如图2-43所示。

图2-43

【素材】面板：【素材】面板和【图层】面板的作用相似，主要用于观察素材及设置素材的出点和入点，如图2-44所示。

图2-44

【画笔】面板：【画笔】面板用于调节画笔的大小、硬度等信息，如图2-45所示。

【绘图】面板：【绘图】面板用于调整画笔工具、仿制图章工具、橡皮擦工具的颜色、不透明度、流量等信息，如图2-46所示。

【对齐】面板：【对齐】面板用于调整图层的对齐和分布方式，如图2-47所示。

【动态草图】面板：【动态草图】面板用于记录图层的位置移动信息。当制作一个位置运动的动画效果时，如果图层对象的运动轨迹比较复杂，就可以使用鼠标移动并自动记录移动信息，如图2-48所示。

| 图2-45 | 图2-46 | 图2-47 | 图2-48 |

【平滑器】面板：在具有多个关键帧的动画属性中，通过【平滑器】面板可以对关键帧进行平滑处理，这样会使关键帧之间的动画效果过渡得更加平滑，如图2-49所示。

【摇摆器】面板：【摇摆器】面板用于对关键帧之间进行随机的插值，产生随机运动的效果，如图2-50所示。

【字符】面板：【字符】面板用于设置文本的相关参数，如图2-51所示。

【蒙版插值】面板：【蒙版插值】面板用于创建平滑的蒙版变形动画效果，使蒙版形状的改变更加流畅，如图2-52所示。

| 图2-49 | 图2-50 | 图2-51 | 图2-52 |

【学习】面板：使用【学习】面板中的教程可快速了解 After Effects 中各个不同的面板、时间轴和效果，此面板是全交互式的，并提供了以任务为导向的视频。单击面板中的某个视频，即会显示执行相应任务的步骤，如图2-53所示。

【跟踪】面板：【跟踪】面板可以追踪摄像机和画面上某些特定目标的运动，也可以实现画面的稳定效果，如图2-54所示。

【音频】面板：【音频】面板可以显示当前的声音效果和编辑简单的声音大小，如图2-55所示。

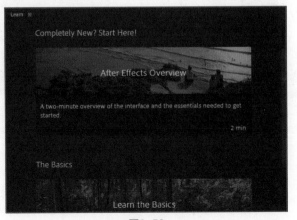

图2-53

**Lumetri Scopes面板：**Lumetri Scopes面板为用户提供用来显示视频色彩属性的内置视

频示波器。每个视频帧都由像素组成，每个像素都带有色彩属性，这些属性可以归类为色度、亮度和饱和度。用户可以评估色彩属性，从而对视频进行颜色校正，并确保镜头间的一致性，如图2-56所示。

图2-54

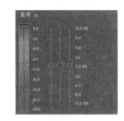

图2-55

图2-56

【媒体浏览器】面板：【媒体浏览器】面板用于预览本地和网络驱动器上的文件，以及有用的文件元数据和规格。对经常使用的文件夹可以添加到收藏夹中，如图2-57所示。

【基本图形】面板：【基本图形】面板用于为合成创建控件并将其共享为动态图形模板。用户可以通过 Creative Cloud Libraries 或作为本地文件共享这些动态图形模板，如图2-58所示。

【元数据】面板：【元数据】面板仅显示静态元数据。项目元数据显示在该面板的顶部，文件元数据显示在底部，如图2-59所示。

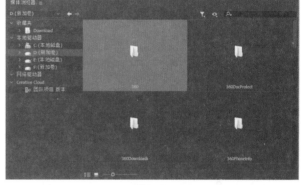

图2-57

图2-58

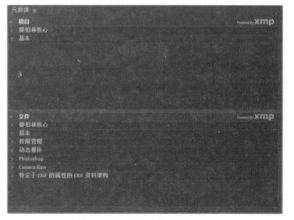

图2-59

## 2.5 设置首选项

成功安装并运行After Effects 2022后，为了最大化地利用资源，满足制作需求，用户需要对软件的参数设置有一个全面的了解。用户可以通过【编辑】>【首选项】菜单命令，来打开【首选项】对话框。

## 2.5.1 【常规】选项

在【常规】选项中，主要包括下列选项，如图2-60所示。

※参数详解

**路径点和手柄大小：**用于指定贝塞尔曲线的方向手柄的大小、蒙版和形状的顶点、运动路径的方向手柄，以及其他类似的控件。

**显示工具提示：**默认情况下为勾选状态。用于指定是否显示工具的提示信息。勾选该复选框，代表当鼠标指针停留在工具栏按钮上时会显示工具信息。

图2-60

**在合成开始时创建图层：**默认情况下为勾选状态。用于设置在创建合成时是否将图层放置在合成的时间起始处。

**开关影响嵌套的合成：**默认情况下为勾选状态。用于合成中对图层的运动模糊、图层质量等开关的设置是否影响嵌套的合成。

**默认的空间插值为线性：**用于设置是否将关键帧的插值计算方式默认为线性。

**在编辑蒙版时保持固定的顶点和羽化点数：**默认情况下为勾选状态。用于设置在编辑蒙版时顶点数量和羽化点数是否保持不变。在制作遮罩动画关键帧时，如果在某一时间点添加了一个顶点，那么在所有的时间段内都会在相应的位置自动添加顶点以保证其总数不变。

**钢笔工具快捷方式在钢笔和蒙版羽化工具之间切换：**默认情况下为勾选状态。用于设置钢笔工具的快捷键是否会在钢笔和蒙版羽化工具之间来回切换。

**在新形状图层上居中放置锚点：**用于设置新形状图层的锚点是否在中心位置。

**同步所有相关项目的时间：**默认情况下为勾选状态。用于设置不同的【合成】面板在进行切换时，时间指示器所处的时间点位置是否相同。

**在原始图层上创建拆分图层：**默认情况下为勾选状态。用于设置拆分图层创建的位置是否在原始图层之上。

**使用系统拾色器：**用于设置是否采用系统中的颜色取样工具来设置颜色。

**与After Effects链接的Dynamic Link将项目文件名与最大编号结合使用：**用于设置与After Effects链接的Dynamic Link是否一起结合使用项目文件名称和最大编号。

**在渲染完成时播放声音：**当处理完渲染队列中的最后一个项目，启用或禁用声音的播放。

**启用主屏幕：**确定在启动时是否显示主屏幕。

**启动时显示系统兼容性问题：**设置在启动时是否显示系统兼容性问题。

**在素材图层上打开：**设置双击素材图层时打开【图层】面板(默认)，还是打开源素材项目。

**在复合图层上打开：**设置双击预合成图层时打开图层的源合成(默认)，还是打开【图层】面板。

**使用绘图、Roto笔刷和调整边缘工具双击时将打开"图层"面板：**默认情况下为勾选状态。当绘画工具、Roto 笔刷或调整边缘工具处于活动状态时，双击预合成图层，即可在【图层】面板中打开该图层。

## 2.5.2 【预览】选项

在【预览】选项中，主要包括下列选项，如图2-61所示。

※**参数详解**

**自适应分辨率限制：**用于设置分辨率的级别，包括1/2、1/4、1/8和1/16。

**GPU信息：**单击该按钮，可以弹出GPU信息，以及OpenGL的信息。

**显示内部线框：**默认情况下为勾选状态。用于设置是否显示折叠预合成和逐字3D化文字图层的组件的定界框线框。

**缩放质量：**用于设置查看器的缩放质量，包括【更快】【除缓存预览之外更准确】【更准确】3个选项。

图2-61

**色彩管理品质：**用于设置色彩品质管理的质量，包括【更快】【除缓存预览之外更准确】【更准确】3个选项。

**合成开关：**为图层启用帧混合或运动模糊开关，也会启用对应的合成开关。

**非实时预览时将音频静音：**用于设置当帧速率比实时速率慢时，是否在预览期间播放音频。当帧速率比实时速率慢时，音频会出现断续情况以保持同步。

**缓存开始前的空闲延迟：**用于设置在缓存帧自动启动之前，软件的空闲持续时间。默认设置为8秒。

**缓存帧：**用于设置帧相对于【当前时间指示器】位置的缓存方式，包括【围绕当前时间】【从当前时间】【从范围的起点】3个选项。

**缓存范围：**用于设置帧在工作区域缓存中占多少空间，包括【工作区】【工作区域按当前时间延伸】【整体持续时间】3个选项。

## 2.5.3 【显示】选项

在【显示】选项中，主要包括下列选项，如图2-62所示。

※**参数详解**

**运动路径：**设置运动路径的显示方式。【没有运动路径】表示不显示运动路径。【所有关键帧】表示显示所有关键帧。【不超过___个关键帧】表示设定关键帧显示的个数，默认情况下为5。【不超过___】表示关键帧显示的时间范围。

**在项目面板中禁用缩略图：**勾选该复选框，在【项目】面板中将禁用素材的缩略图显示。

图2-62

**在信息面板和流程图中显示渲染进度：**勾选该复选框，将在【信息】面板和流程图中显示影片的渲染进度。

**硬件加速合成、图层和素材面板：**默认情况下为勾选状态。将在进行【合成】【图层】【素材】面板操作时，使用硬件加速。

**在时间轴面板中同时显示时间码和帧：**默认情况下为勾选状态。将在【时间轴】面板中同时显示时间码和帧。

## 2.5.4 【导入】选项

在【导入】选项中，主要包括下列选项，如图2-63所示。

※**参数详解**

**静止素材：**用于设置单帧素材在导入【时间轴】面板中显示的长度，分为两种模式。一种模式是以合成的长度作为单帧素材的长度；另一种模式可以设定素材的长度为一个固定的时间值。

**序列素材：**用于设置序列素材导入【时间轴】面板的帧速率。在默认情况下为30帧/秒，用户可以根据需求重新设置导入的帧速率。

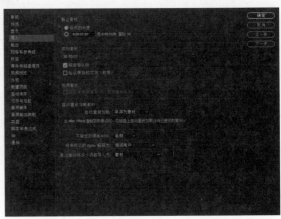

图2-63

> ※**提示**※
>
> 在【导入】选项中，一般会将序列素材设置为25帧/秒。

**报告缺失帧：**默认情况下为勾选状态。在导入一系列存在间隔的序列时，After Effects 会提醒缺失帧。

**验证单独的文件(较慢)：**在导入图像序列时，如果遇到意外丢失的帧，就可以启用该选项。速度相对较慢，但是会验证序列中的所有文件。

**启用硬件加速解码（需要重新启动）：**满足硬件需求和最低操作系统要求后，将为H.264/HEVC 解码使用硬件加速。

**自动重新加载：**当After Effects重新获取焦点时，在磁盘上自动重新加载任何已更改的素材，默认情况下为【非序列素材】。

**不确定的媒体NTSC：**当系统无法确定NTSC媒体的情况时，允许在【丢帧】或【不丢帧】的情况下进行输入。

**将未标记的Alpha解释为：**用于设置对未进行标注Alpha通道的素材的处理方式。

**通过拖动将多个项目导入为：**用于设置通过拖动来导入素材项目的类型。

## 2.5.5 【输出】选项

在【输出】选项中，主要包括下列选项，如图2-64所示。

※**参数详解**

**序列拆分为：**用于设置输出序列文件的最多文件数量。

**仅拆分视频影片为：**用于设置输出的影片片段最多可以占用的磁盘空间大小。用户需要注意，具有音频的影片文件无法分段。

**使用默认文件名和文件夹：**默认情况下为勾选状态。表示使用默认的输出文件名和文件夹。

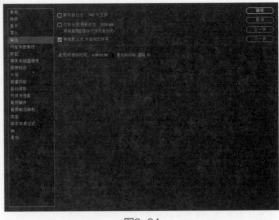

图2-64

**音频块持续时间：** 用于设置在渲染影片结束后音频的时长。

## 2.5.6 【网格和参考线】选项

在【网格和参考线】选项中，主要包括下列选项，如图2-65所示。

※**参数详解**

**网格：** 用于设置网格的具体参数。用户可以通过【颜色】来设置网格的颜色，也可以通过吸管工具直接拾取颜色。【样式】用于设置网格线条的样式，包括【线条】【虚线】【点】。【网格线间隔】用于设置网格线之间的疏密程度。数值越大，网格线间隔越大。【次分隔线】用于设置网格的数目。数值越大，网格数目越多。

**对称网格：** 【水平】用于设置网格的宽度，【垂直】用于设置网格的长度。

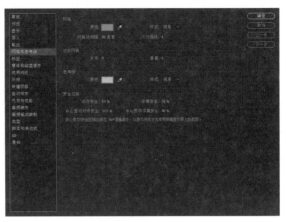

图2-65

**参考线：** 用于设置参考线的具体参数。用户可以通过【颜色】来设置参考线的颜色，也可以通过吸管工具直接拾取颜色。【样式】用于设置参考线的样式，包括【线条】和【虚线】。

**安全边距：** 用于设置安全区域的范围。【动作安全】用于设置动作安全区域的范围。【字幕安全】用于设置字幕安全区域的范围。【中心剪切动作安全】用于设置中心剪切动作安全区域的范围。【中心剪切字幕安全】用于设置中心剪切字幕安全区域的范围。

## 2.5.7 【标签】选项

在【标签】选项中，主要包括下列选项，如图2-66所示。

※**参数详解**

**标签默认值：** 用于设置各类型的图层和文件的标签颜色。用户可以通过单击默认的标签颜色，在下拉列表中选择替换颜色。

**标签颜色：** 用于设置颜色来区分不同属性的图层。用户可以单击颜色块，在【标签颜色】面板中选取新的颜色。同样也可以通过吸管工具来拾取颜色。

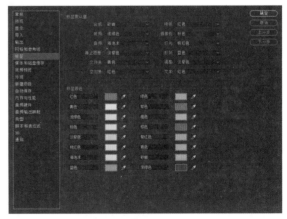

图2-66

## 2.5.8 【媒体和磁盘缓存】选项

在【媒体和磁盘缓存】选项中，主要包括下列选项，如图2-67所示。

※**参数详解**

**启用磁盘缓存：** 用于设置磁盘缓存参数。用户可以通过【最大磁盘缓存大小】来设置磁盘的缓存大小。单击【选择文件夹】按钮，可以设定磁盘缓存的位置。单击【清除磁盘缓存】按钮，可以清空当前的磁盘缓存文件。

**符合的媒体缓存：**用于设置媒体缓存参数。单击【选择文件夹】按钮，可以设置媒体缓存和数据库的位置。单击【清理数据库和缓存】按钮，将清空当前的所有数据库和缓存文件。

**导入时将XMP ID写入文件：**勾选该复选框，表示将XMP ID写入导入的文件，共享设置将影响After Effects等软件。XMP ID 可改进媒体缓存文件和预览的共享。

**从素材XMP元数据创建图层标记：**默认情况下为勾选状态。用于将素材XMP元数据来创建图层标记。

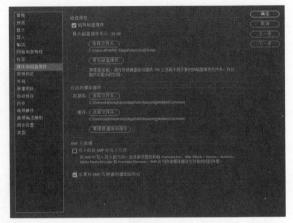

图2-67

## 2.5.9 【视频预览】选项

在【视频预览】选项中，主要包括下列选项，如图2-68所示。

※**参数详解**

**启用Mercury Transmit：**勾选该复选框，将使用 Mercury Transmit 切换视频预览。

**视频设备：**用于启用通往指定设备的视频输出。

**在后台时禁用视频输出：**默认情况下为勾选状态。在 After Effects并非前景应用程序时，可避免将视频帧发送至外部监视器。

**渲染队列输出期间预览视频：**默认情况下为勾选状态。当 After Effects 正在渲染渲染队列中的帧时，将视频帧发送给外部监视器。

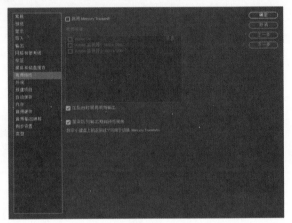

图2-68

## 2.5.10 【外观】选项

在【外观】选项中，主要包括下列选项，如图2-69所示。

※**参数详解**

**对图层手柄和路径使用标签颜色：**默认情况下为勾选状态。用于设置是否对图层的操作手柄和路径应用标签颜色。

**对相关选项卡使用标签颜色：**默认情况下为勾选状态。用于设置是否对相关的选项卡应用标签颜色。

**循环蒙版颜色(使用标签颜色)：**默认情况下为勾选状态。用于设置是否让不同的遮罩应用不同的标签颜色。

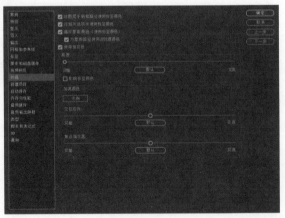

图2-69

**为蒙版路径使用对比度颜色：** 用于设置是否使用对比度相对较高的蒙版路径颜色。

**使用渐变色：** 默认情况下为勾选状态。用于设置是否让按钮或界面颜色产生渐变效果。

**亮度：** 用于设置用户界面的整体亮度。向右侧拖动滑块将增加界面亮度，向左侧拖动滑块将降低界面亮度。单击【默认】按钮，将恢复默认设置。

**影响标签颜色：** 勾选该复选框，当调整界面颜色时，标签颜色同样受到界面颜色亮度的影响。

**交互控件：** 用于设置交互控件的整体亮度。

**焦点指示器：** 用于设置焦点指示器的整体亮度。

## 2.5.11 【新建项目】选项

在【新建项目】选项中，主要包括下列选项，如图2-70所示。

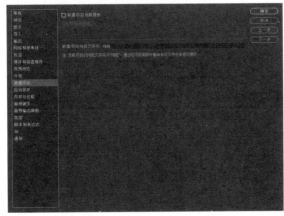

图2-70

※**参数详解**

**新建项目加载模板：** 勾选该复选框，新建项目时将加载模板。

**选择项目模板：** 勾选【新建项目加载模板】复选框后，指定选择的项目模板。

**新建项纯色文件夹：** 当前项目的纯色文件夹为"纯色"，通过重命名文件夹来进行更改。

## 2.5.12 【自动保存】选项

在【自动保存】选项中，主要包括下列选项，如图2-71所示。

※**参数详解**

**保存间隔：** 默认情况下为勾选状态。用于设置自动保存的时间间隔。

**启动渲染队列时保存：** 默认情况下为勾选状态。当启动渲染队列时将自动保存。

**最大项目版本：** 用于设置需要保存的项目文件的版本数。

**自动保存位置：** 用于设置自动保存的项目文件的位置。

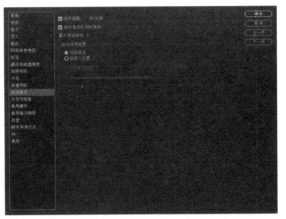

图2-71

## 2.5.13 【内存与性能】选项

在【内存与性能】选项中，主要包括下列选项，如图2-72所示。

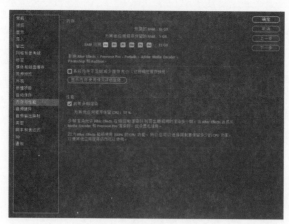

图2-72

※**参数详解**

**系统内存不足时减少缓存大小：**用于设置当系统内存不足时，减少缓存的大小，以加快计算机的运行速度。

**启用多帧渲染：**用于设置多帧渲染，可以在预览和渲染队列导出期间同时渲染多个帧。

## 2.5.14 【音频硬件】选项

在【音频硬件】选项中，主要包括下列选项，如图2-73所示。

※**参数详解**

**设备类型：**用于设置音频设备类型。

**默认输出：**当连接音频硬件设备时，该类型设备的硬件设置将在此对话框中加载。

**等待时间：**对较低延迟使用较小值，当播放或录制期间遇到丢帧时使用较大值。

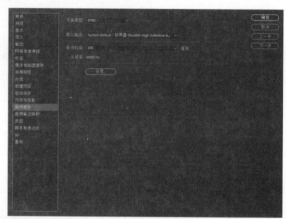

图2-73

## 2.5.15 【音频输出映射】选项

在【音频输出映射】选项中，主要包括下列选项，如图2-74所示。

※**参数详解**

**映射其输出：**用于在计算机的音响系统中为每个支持的音频声道指定目标扬声器。

**左侧：**用于在计算机的音响系统中指定左侧扬声器。

**右侧：**用于在计算机的音响系统中指定右侧扬声器。

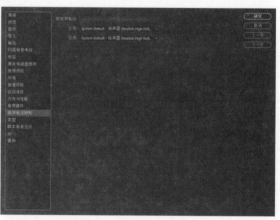

图2-74

## 2.5.16 【类型】选项

在【类型】选项中，主要包括下列选项，如图2-75所示。

※**参数详解**

**文本引擎：** 用于设置脚本语言选项，包括【拉丁】和【南亚和中东】2个选项。

**预览大小：** 用于设置字体的预览大小。

**要显示的近期字体数量：** 用于设置在字体列表中要显示的最近使用过的字体数量。

**打开项目时，不要提醒我缺失字体：** 勾选该复选框，解析字体时，提醒是否缺失字体。

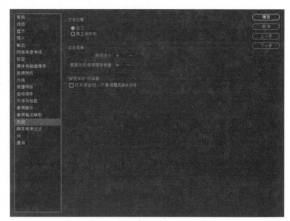

图2-75

## 2.5.17 【脚本和表达式】选项

在【脚本和表达式】选项中，主要包括下列选项，如图2-76所示。

※**参数详解**

**允许脚本写入文件和访问网络：** 用于设置脚本是否能链接网络。

**启用JavaScript调试器：** 用于设置是否启用JavaScript调试器。

**执行文件时警告用户：** 用于设置应用程序脚本时是否警告用户。

**以简明英语编写表达式拾取：** 默认情况下为勾选状态。用于设置在使用表达式时是否使用简洁的表达方式。

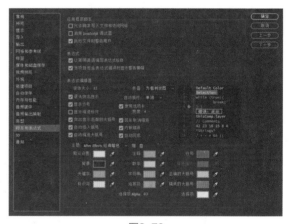

图2-76

**当项目包含表达式错误时显示警告横幅：** 默认情况下为勾选状态。当表达式求值失败时，【合成】与【图层】面板底部的警告横幅会显示表达式错误。

**表达式编辑器：** 用于设置表达式编辑器里【字体大小】【自动换行】【折叠】等选项。

**主题：** 用于设置表达式编辑器的主题颜色。

## 2.5.18 【3D】选项

在【3D】选项中，主要包括下列选项，如图2-77所示。

※**参数详解**

**摄像机操作点：** 用于设置摄像机工具的操作点，包括【无】【指示器】【方向指示器】3个选项。

**鼠标滚轮行为：** 用于设置鼠标滚轮的操作，包括【放大合成】【推拉摄像机】【反向推拉镜头】3个选项。

**拖动方向：** 用于设置推拉镜头的拖动方向，包括【正常】【反向】2个选项。

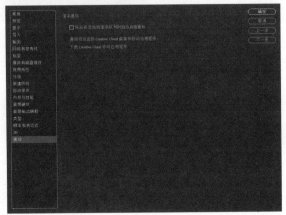

图2-77

## 2.5.19 【通知】选项

在【通知】选项中，主要包括下列选项，如图2-78所示。

图2-78

※**参数详解**

　　**将合成添加到渲染队列时自动启用通知：**勾选该复选框，将合成添加到渲染队列时，自动启用通知并发送到Creative Cloud桌面和移动应用程序。

# 第3章
## 创建和管理项目

- 导入素材
- 组织和管理素材
- 创建合成
- 添加\删除\复制效果
- 预览视频和音频
- 渲染和导出
- 综合实战：素材合成

使用After Effects创建合成时，将会使用到大量的来自软件外部的素材。用户需要导入、组织和管理素材，添加图层效果和动画，最后渲染和输出。项目是创建合成的载体。本章将详细介绍如何导入不同类型的素材文件，以及创建影片的基本工作流程和方法。

# 3.1　导入素材

After Effects是一款后期合成软件，一般是对已有的素材再次进行加工和处理，大量的外部素材是合成的基础。After Effects支持的素材文件的种类包括图片文件、音频文件、视频文件、其他项目文件等。

> ※提示※
>
> 　　在导入素材时，为了控制项目文件的大小，After Effects不是将图像数据本身复制到项目中，而是创建一个链接指向原始素材，因此原始素材的位置并没有发生变化。

如果原始素材被重命名、删除或改变位置，就将自动断开指向该文件的引用链接。当断开链接后，素材的名称在【项目】面板中将显示为斜体，素材将变为彩色线段显示，文件路径也会丢失，如同3-1所示。用户可以通过双击该素材项目并再次选择文件以重新建立链接。

图3-1

## 3.1.1　素材格式

After Effects可以支持绝大部分的影音视频文件，一些文件扩展名(如 MOV、AVI、MXF、FLV 和 F4V)表示容器文件格式，而不表示特定的音频、视频或图像数据格式。After Effects可以导入这些容器文件，但导入其所包含的数据的能力取决于所安装的编解码器。如果收到错误消息或视频无法正确显示，则需要安装文件使用的编解码器。

## 3.1.2　导入素材的方法

After Effects支持的文件类型较多，用户需要根据项目需求分类导入不同类型的文件。

### 1.一次导入单个素材

执行【文件】>【导入】>【文件】命令，或使用快捷键Ctrl+I，在弹出的【导入文件】对话框中，选择需要导入的文件位置，选中需要导入的素材文件，单击【导入】按钮即可完成导入。用户也可以在【项目】面板的空白区域双击鼠标左键，或在【项目】面板的空白区域单击鼠标右键，在弹出的菜单中选择【导入】>【文件】命令，同样可以导入素材，如图3-2所示。

> ※技巧※
>
> 　　如果用户需要一次导入多个文件，就可以首先选择素材的起始位置，然后按住Shift键选择素材的结束位置，那么中间部分的多个连续素材将同时被选择；或按住Ctrl键，逐一选择添加素材；也可以通过鼠标框选的方式进行选择。

图3-2

## 2. 导入多个素材

执行【文件】>【导入】>【多个文件】命令，或使用快捷键Ctrl+Alt+I，选择需要导入的素材，单击【导入】按钮即可完成导入。用户也可以在【项目】面板的空白区域单击鼠标右键，在弹出的菜单中选择【导入】>【多个文件】命令，同样可以导入多个素材，如图3-3所示。

图3-3

> ※提示※
>
> 以多个素材的导入方式完成素材导入后，将重新弹出【导入多个文件】对话框，用户可以继续导入其他素材，直到单击【完成】按钮，才会结束导入。

### 3. 通过拖曳导入素材

选择需要导入的素材文件，直接拖曳到【项目】面板中，即可完成素材的导入操作。

直接拖曳文件夹至【项目】面板时，文件夹的内容会成为图像序列。按住Alt键后拖曳文件夹，文件夹的内容将作为单个素材项目使用，并且会在【项目】面板中自动建立一个新的对应的文件夹。

### 4. 导入序列文件

序列文件是最常使用到的文件类型之一，要将多个图像文件作为一个图像序列导入，这些文件必须位于相同文件夹中，并且文件名使用相同的数字或字母顺序模式。执行【文件】>【导入】命令，在弹出的【导入文件】对话框中，勾选【PNG序列】复选框，这样就可以按照序列的方式进行素材的导入，如图3-4所示。

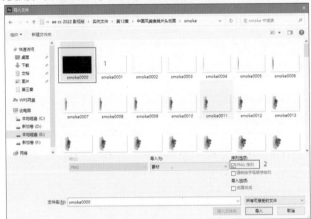

图3-4

※**技巧**※

如果素材的名称是不规律的或是其中的某些素材丢失，就可以通过勾选【强制按字母顺序排列】复选框进行素材的导入。当导入单个文件时，为防止 After Effects 导入不需要的文件，或防止 After Effects 将多个文件解释为一个序列，需要取消选择序列选项，After Effects 会记住该设置并进而将其作为默认设置。

※**技术专题 调整导入素材的帧速率**※

帧速率指每秒所显示的静止帧格数。帧速率越高，显示效果越好。帧速率的设置通常由最终的输出类型决定，要生成平滑连贯的动画效果，帧速率一般不小于8帧/秒，NTSC视频的帧速率为29.97帧/秒，PAL视频的帧速率为25帧/秒，电影的帧速率通常为24帧/秒。

将序列文件导入【项目】面板中，用户可以观察素材的帧速率，在默认情况下为30帧/秒，如图3-5所示。

通过【编辑】>【首选项】>【导入】菜单命令，用户可以更改导入素材的帧速率。重新设置后再次导入素材时，将按照当前设置的帧速率进行导入，如图3-6所示。

图3-5

图3-6

对于已经导入【项目】面板中的素材，用户也可以通过【解释素材】命令改变素材的帧速率。

### 5. 导入包含图层的素材

在导入包含图层的素材时，除了以素材的方式进行导入之外，After Effects还可以保留文件的图层信息。由Photoshop生成的PSD文件和Illustrator生成的AI文件是经常被使用到的文件。

执行【文件】>【导入】>【文件】命令，打开包含图层的文件，打开相应的对话框，在【导入种类】下拉列表中可以选择以【素材】【合成】【合成-保持图层大小】的方式进行导入，如图3-7所示。

### 6. 导入After Effects项目

After Effects已经完成的项目文件，可以作为另一个项目的素材文件使用。项目中的所有内容将显示在新的【项目】面板中。

执行【文件】>【导入】>【文件】命令，选择需要导入的After Effects项目即可，【项目】面板中会为导入项目创建一个新的文件夹。

图3-7

### 7. 导入Premiere Pro项目

Premiere Pro一般用于剪辑电影和视频，而After Effects多用于为电影、电视创作视觉特效。用户可以在After Effects和Premiere Pro之间轻松地交换项目。用户可以将Premiere Pro项目导入After Effects中，也可以将After Effects项目输出为Premiere Pro项目。在导入Premiere Pro的项目文件时，After Effects会将项目文件转为新合成(所含的每个Premiere Pro 剪辑均为一个图层)和文件夹(所含的每个剪辑均为一个素材项目)。

执行【文件】>【导入】>【Adobe Premiere Pro 项目】命令，选择需要导入的Premiere Pro项目即可，音频文件默认为读取状态，如图3-8所示。

图3-8

### 8. 导入Cinema 4D项目

Cinema 4D 是 Maxon 推出的 3D 建模和动画软件，用户可以从 After Effects 内创建、导入和编辑 Cinema 4D 文件(.c4d)，并且可使用复杂的 3D 元素、场景和动画。

执行【文件】>【导入】>【文件】命令，选择Cinema 4D 文件导入【项目】面板作为素材。用户可以将素材置于现有的合成之上，或创建匹配的合成。

## 3.2 组织和管理素材

为了保证【项目】面板的整洁与合理，用户需要对素材进行进一步的组织和管理，也可以对素材进行替换和重新解释。

### 3.2.1 排序素材

在【项目】面板中，素材是按照一定的顺序进行排列的。素材可以按照【名称】【类型】【大小】【帧速率】【入点】等方式进行排列。用户可以通过单击【项目】面板中的属性标签，改变素材的排列顺序。

例如，单击【大小】属性标签，素材会按照素材大小进行排列。通过单击属性标签上的箭头指向，用户可以改变素材是按照升序还是降序进行排列，如图3-9所示。

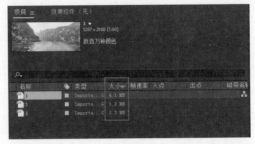

图3-9

### 3.2.2 替换素材

当需要对合成中的素材进行替换时，用户可以通过两种方式进行操作。

方式一：在【项目】面板中，选中需要进行替换的素材，执行【文件】>【替换素材】>【文件】命令，在弹出的【替换素材文件】对话框中，选中需要替换的素材文件。方式二：直接在需要替换的素材文件上单击鼠标右键，在弹出的菜单中选择【替换素材】>【文件】命令，选中需要替换的素材文件，如图3-10所示。

图3-10

### 3.2.3 分类整理素材

通过创建文件夹，用户可以将素材进行分类整理。分类的方式可以按照镜头号、素材类型等，由用户自由指定分类方式。

用户可以在【项目】面板底部单击【新建文件夹】按钮，在【项目】面板中直接输入新建的文件夹名称；也可以选中已经创建的文件夹，单击鼠标右键，在弹出的菜单中选择【重命名】命令，修改文件夹的名称，如图3-11所示。

当文件夹创建完成后，用户可以选中素材，将素材直接拖动到相应的文件夹中即可。当需要对文件或文件夹进行删除时，用户可以直接选中文件或文件夹，单击【删除所选项目】按钮，或执行【编辑】>【清除】命令。

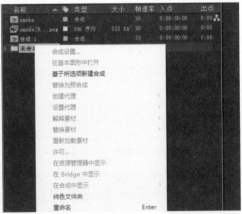

图3-11

※提示※

若文件夹中包含素材文件，会弹出警告对话框，提示用户文件夹中包含素材文件，是否进行删除，如图3-12所示。

图3-12

## 3.2.4 解释素材

对于已经导入【项目】面板中的素材，如果想更改素材的帧速率、像素纵横比、Alpha通道等信息，用户可以在【项目】面板中选择需要修改的素材文件，单击【项目】面板底部的【解释素材】按钮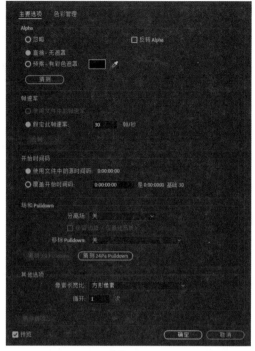；或执行【文件】>【解释素材】>【主要】命令，打开【解释素材】对话框，如图3-13所示。

在【解释素材】对话框中，包括【Alpha】【帧速率】【开始时间码】【场和Pulldown】等。

图3-13

### 1. Alpha

Alpha通道的设置用于解释Alpha通道与其他通道的交互，主要是针对包含Alpha通道信息的素材，如Tga、Tiff文件等。当用户导入包含Alpha通道的素材时，系统会自动提示是否读取Alpha通道信息。

**忽略：** 选择该选项，将忽略素材中的Alpha通道信息。

**直接－无遮罩：** 透明度信息只存储在 Alpha通道中，而不存储在任何可见的颜色通道中。选择这种方式，仅在支持直接通道的应用程序中显示图像时才能看到透明度结果。

**预乘－有彩色遮罩：** 透明度信息既存储在Alpha通道中，也存储在可见的RGB通道中，后者乘以一个背景颜色。半透明区域(如羽化边缘)的颜色会受到背景颜色的影响，偏移度与其透明度成比例，使用吸管工具或拾色器可以设置预乘通道的背景颜色。例如，如果通道实际是预乘通道而被解释成直接通道，则半透明区域将保留一些背景颜色，如图3-14所示。

图3-14

**猜测：** 系统自动确定图像中使用的通道类型。

**反转Alpha：** 勾选该复选框，将会反转Alpha通道信息。

### 2. 帧速率

帧速率用于设置每秒显示的帧数，以及设置关键帧时所依据的时间划分的方式。

**使用文件中的帧速率：** 选择该选项，素材将使用默认的帧速率进行播放。

**假定此帧速率：** 用于指定素材的播放速率。

### 3. 开始时间码

**使用文件中的源时间码：** 素材将会使用文件中的源时间码进行显示。

**覆盖开始时间码：** 用于设定素材开始的时间码。用户可以在【素材】面板中观察更改开始时间码后的效果。

#### 4. 场和Pulldown

每一帧由两个场组成，即奇数场和偶数场，又称为高场和低场。隔行视频素材项目的场序决定按何种顺序显示两个视频场(高场和低场)。先绘制高场线后绘制低场线的系统称为高场优先，先绘制低场线后绘制高场线的系统称为低场优先。场以水平分隔线的方式隔行保存帧的内容，在显示时可以选择优先显示高场内容或低场内容。

**分离场：** 用于设置视频场的先后显示顺序，包括【关】【高场优先】【低场优先】3个选项。

**保留边缘(仅最佳品质)：** 勾选该复选框，在最佳品质下渲染时，提高非移动区域的图像品质。

**移除Pulldown：** 用于设置移除Pulldown的方式。

**猜测3：2 Pulldown：** 当24帧/秒的视频转为29.97帧/秒的视频时，可使用3：2 Pulldown(3：2下变换自动预测)的过程。在该过程中，视频中的帧将以重复的3：2模式跨视频场分布。这种方式将产生全帧和拆分场帧。在此操作之前，用户需要先将场分离为高场优先或低场优先。一旦分离了场，After Effects 就可以分析素材，并确定正确的3：2 Pulldown相位和场序。

**猜测24Pa Pulldown：** 单击该按钮，移除24Pa Pulldown。

#### 5. 其他选项

**像素长宽比：** 用于设置像素的长宽比。像素长宽比指图像中一个像素的宽与高之比。多数计算机显示器使用方形像素，但部分视频格式使用非方形的矩形像素。PAL制式的标准分辨率为720×576，画面宽高比为4：3。若像素的宽高比为1：1，则实际的PAL制式的标清分辨率应为768×576，所以以PAL制式标清的像素使用了"拉长"的方式，保证了4：3的宽高比。

**循环：** 用于设置素材的循环次数。

> **※提示※**
>
> 当多个素材文件使用相同的解释设置时，用户可以通过复制一个素材文件的解释设置并应用于其他文件。在【项目】面板中选择需要复制的解释设置的素材，执行【文件】>【解释素材】>【记住解释】命令，在【项目】面板中选择一个或多个需要应用解释设置的素材文件，执行【文件】>【解释素材】>【应用解释】命令即可，如图3-15所示。

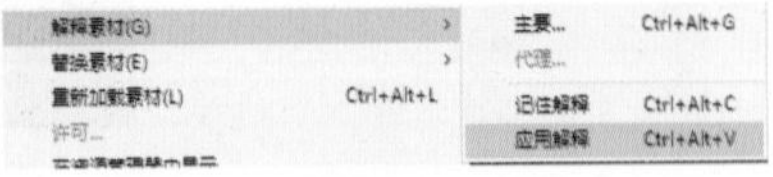

# 3.3　创建合成

图3-15

After Effects可以在项目中创建多个合成，同时也可以将某一合成作为其他合成的素材继续进行使用。创建合成是视频制作的基础，通过合成的堆叠可以制作出丰富的动画效果。

## 3.3.1　创建合成的方式

创建合成的方式主要包括两种，一种是新建空白合成，然后将素材放入合成当中；一种是基于素材的大小，创建合成。

#### 1. 新建空白合成

创建空白合成的方法主要有3种，用户可以执行【合成】>【新建合成】命令，也可以单击【项目】面板底部的【新建合成】按钮，或者通过快捷键Ctrl+N，快速地完成空白合成的创建，在弹出的【合成设置】对话框中调整合成的参数，如图3-16所示。

**合成名称：**用于设置合成的名称。

**预设：**用于选择预设的合成参数。在下拉列表中提供了大量的合成预设选项。用户可以通过直接选择预设参数，快速地设置合成的类型。

**宽度和高度：**用于设置合成的尺寸，单位为像素。当勾选【锁定长宽比】复选框时，再次更改宽度或高度时，系统会根据宽度和高度的比例自动调整另一个参数的数值。

图3-16

**像素长宽比：**用于设置单个像素的长宽比例，在下拉列表中可以选择预设的像素长宽比。

**帧速率：**用于设置合成的帧速率。

**分辨率：**用于设置进行视频效果预览的分辨率，一共有5个选项，分别为【完整】【二分之一】【三分之一】【四分之一】【自定义】。用户可以通过降低预览视频的质量提高渲染速度，预览视频的分辨率不影响最终的渲染品质。

**开始时间码：**用于设置合成开始的时间，默认情况下从第0帧开始。

**持续时间：**用于设置合成的时间总长度。

**背景颜色：**用于设置默认情况下【合成】面板的背景颜色。

单击【合成设置】对话框中的【高级】和【3D渲染器】选项卡，切换到合成的高级参数设置选项，如图3-17所示。

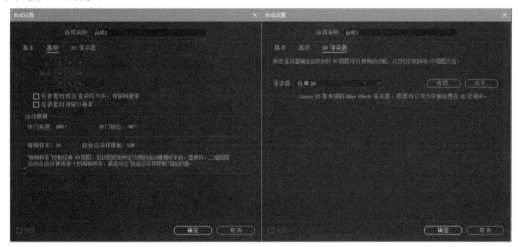

图3-17

**锚点：**用于设置合成图像的中心点。

**在嵌套时或在渲染队列中，保留帧速率：**勾选该复选框，在进行嵌套合成时或在渲染队列中，将使用原始合成的帧速率。

**在嵌套时保留分辨率：**勾选该复选框，在进行嵌套合成时，将保留原始合成中设置的图像分辨率。

**快门角度：**用于设置快门的角度。快门角度使用素材帧速率确定影响运动模糊量的模拟曝光，如果为图层开启了【运动模糊】，快门角度可以影响图像的运动模糊的程度，如图3-18所示。

**快门相位：**用于设置快门相位。快门相位用于定义一个相对于帧开始位置的偏移量。

**每帧样本：**用于控制3D图层、形状图层和特定效果的运动模糊的样本的数目。

图3-18

**自适应采样限制：**用于设置2D图层运动自动使用的每帧样本取样的极限值。

**渲染器：**用于设置渲染引擎。渲染器决定了合成中的3D图层可以使用的功能。在下拉列表中包括【经典3D】【Cinema 4D】2个选项。【经典3D】是传统的渲染器，图层可以作为平面放置在3D空间中；【Cinema 4D】渲染器支持文本和形状的凸出，这是凸出3D作品在大多数计算机上的首选渲染器。单击【选项】按钮，用户可以在选定模式下调整显示质量。

**2. 基于素材创建合成**

基于素材创建合成是以素材的尺寸和时间长度为依据，进行合成的创建。基于素材创建合成主要分为基于单个素材创建合成和基于多个素材创建合成。

用户可以在【项目】面板中选中需要创建合成的素材，将素材拖曳至【项目】面板底部的【新建合成】按钮 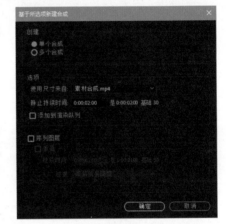上。当用户选择了多个素材进行合成创建时，系统将弹出【基于所选项新建合成】对话框，如图3-19所示。

在【基于所选项新建合成】对话框中，主要包括以下选项。

**创建：**用于设置合成的创建方式，包括【单个合成】和【多个合成】2个选项。【单个合成】将会把多个素材放置在一个合成中，【多个合成】将根据素材的数量创建等量的合成。

图3-19

**选项：**用于设置合成的大小和时间等参数。【使用尺寸来自】用于设置合成尺寸的依据对象，【静止持续时间】用于设置合成的静止素材的持续时间。勾选【添加到渲染队列】复选框后，合成将添加到渲染队列中。

**序列图层：**勾选该复选框，用于设置序列图层的排列方式。勾选【重叠】复选框，用于设置素材的重叠时间及过渡方式。

## 3.3.2 存储和收集项目文件

创建合成以后，用户需要经常存储和备份项目文件并合理命名文件，以便对文件的再次修改和调用。

**1. 存储文件**

存储文件是将项目保存在本地计算机中，用户可以执行【文件】>【保存】命令，在弹出的【另存为】对话框中，设置保存文件路径、名称和文件类型，如图3-20所示。

> ┌ ※**技巧**※ ─
>
> 用户可以通过【文件】>【增量保存】命令，或者使用快捷键Ctrl+Alt+Shift+S，自动生成新名称保存项目的副本，副本的名称会自动在原始存储项目的名称后添加一个数字，如果项目名称以数字结尾，则该数字自动添加1作为增量存储的名称。

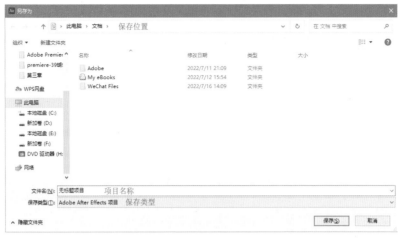

图3-20

如果要使用其他名称保存项目文件，或者重新指定项目的保存位置，用户可以执行【文件】>
【另存为】>【另存为】命令，在弹出的【另存为】对话框中重新设置文件的名称和存储位置信息，
原始的文件将保留不变。

在【文件】>【另存为】菜单中，为用户提供了多种保存方式，包括【另存为】【保存副本】
【将副本另存为XML】【将副本另存为18.x】【将副本另存为17.x】，如图3-21所示。

**保存副本：**将当前项目使用其他名称保存或
保存到其他位置。

**将副本保存为XML：**将当前项目保存为XML
格式的文档备份，基于文本的 XML 项目文件将一
些项目信息包含为十六进制编码的二进制数据。

图3-21

**将副本另存为18.x/17.x：**将文件保存一个可在 After Effects 18.x/ 17.x中打开的项目。

> ※提示※
> 用户可以通过【编辑】>【首选项】>【自动保存】菜单命令，设置自动保存项目的时间间
> 隔和数量。

### 2. 收集文件

当需要移动已经保存好的项目文件时，用
户可以执行【文件】>【整理工程(文件)】>【收
集文件】命令，系统会将当前文件进行整理并保
存，项目中所用的资源的副本将保存到磁盘上的
单个文件夹中，如图3-22所示。

> ※提示※
> 执行【收集文件】命令时，首先要对当前
> 的文件进行存储。

图3-22

## 3.4 添加\删除\复制效果

After Effects自带大量的效果，用户可以高效地制作视频特效。用户还可以安装新的效果至

After Effects中，所有的效果都保存在Adobe\Adobe After Effects 2022\Support Files\Plug-ins文件夹中，在重启软件后，After Effects会在"增效工具"文件夹及其子文件夹中搜索所有安装的效果，并将它们添加到【效果】菜单和【效果和预设】面板中。

### 3.4.1 添加效果

添加效果的方法主要分为以下几种。

(1) 在【时间轴】面板中选择需要添加效果的图层，在【效果】菜单中选择相应的效果添加即可。

(2) 在【时间轴】面板中选择需要添加效果的图层，单击鼠标右键，在弹出的菜单中选择【效果】命令，然后继续添加所需的效果，如图3-23所示。

(3) 在【效果和预设】面板中选择需要添加的效果，按住鼠标左键，将其拖曳至【合成】面板中需要添加效果的图层上，松开鼠标即可，如图3-24所示。

图3-23

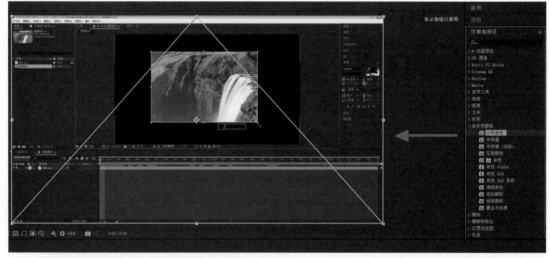

图3-24

(4) 在【效果和预设】面板中选择需要添加的效果，按住鼠标左键，将其拖曳至【效果控件】面板中需要添加效果的图层上，松开鼠标即可。

(5) 在【时间轴】面板中选择需要添加效果的图层，在【效果控件】面板中单击鼠标右键，在弹出的菜单中选择添加合适的效果。

### 3.4.2 删除效果

在【时间轴】面板中选择需要删除效果的图层，在【效果控件】面板中选择需要删除的效果，执行【编辑】>【清除】命令，或使用快捷键Delete即可，如图3-25所示。

若需要一次删除多个效果，可以按住Ctrl键依次加选效果后执行【清除】命令。或选择添加效果的图层，单击鼠标右键，执行【效果】>【全部移除】命令，可以一次删除该图层下的所有效果。

### 3.4.3 复制效果

在同一个图层中复制效果时，在【时间轴】面板中选择需要复制效果的图层，在【效果控件】面板中选择需要复制的效果，执行【编辑】>【重复】命令，或使用快捷键Ctrl+D，即可完成复制的操作，如图3-26所示。

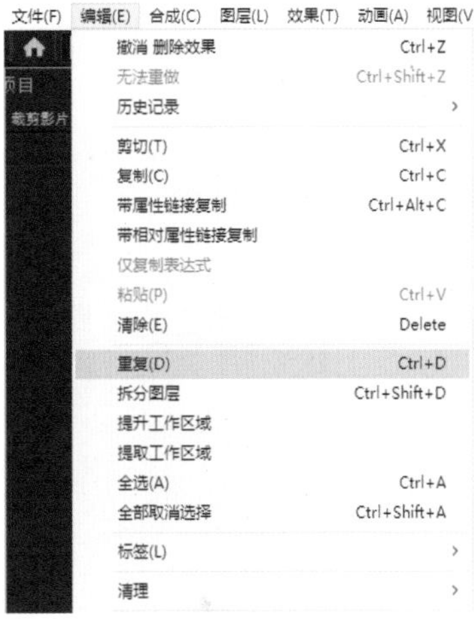

在不同的图层之间复制效果时，需要在【时间轴】面板中选择已添加效果的图层，在【效果控件】面板中选择需要复制的效果，执行【编辑】>【复制】命令，或使用快捷键Ctrl+C，在【时间轴】面板中选择需要添加效果的目标图层，执行【编辑】>【粘贴】命令，或使用快捷键Ctrl+V粘贴效果。

图3-25

图3-26

### 【练习3-1】：复制效果

**素材文件：** 实例文件/第3章/练习3-1

**效果文件：** 实例文件/第3章/练习3-1/复制效果.aep

教学视频

**视频教学：** 多媒体教学/第3章/复制效果.avi

**技术要点：** 复制效果

**1** 打开"实例文件/第3章/练习3-1/复制效果.aep"文件，如图3-27所示。

图3-27

**2** 选择文字图层"Adobe"，执行【效果】>【生成】>【梯度渐变】命令，设置【渐变起点】为(381,524)，【渐变终点】为(523,261)，如图3-28所示。

图3-28

**3** 选择文字图层"Adobe",执行【效果】>【透视】>【斜面Alpha】命令,设置【边缘厚度】为2.1,【灯光角度】为0×+21°,【灯光强度】为0.5,如图3-29所示。

图3-29

**4** 选择文字图层"Adobe",在【效果控件】面板中选择所有效果,执行【编辑】>【复制】命令,在【时间轴】面板中选择目标图层"After Effects 2022",执行【编辑】>【粘贴】命令,效果如图3-30所示。

图3-30

**5** 选择文字图层"After Effects 2022",在【效果控件】面板中选择【梯度渐变】效果,设置【渐变起点】为(519,589),【渐变终点】为(1101,292)。选择【斜面Alpha】效果,设置【边缘厚度】为0.8,如图3-31所示。

图3-31

# 3.5 预览视频和音频

对于在After Effects中制作的项目,用户可以提前预览所有或部分效果,而不用渲染到最终输出状态。用户可以通过改变分辨率来改变预览的速度,这就极大地提高了视频制作者的工作效率。

## 3.5.1 使用【预览】面板预览视频和音频

After Effects以实时速度分配RAM(内存)以播放视频和音频,预览的时间与合成的分辨率、复杂程度、计算机内存的大小相关。

在【预览】面板中,主要包括以下选项,如图3-32所示。

**预览控制按钮**  :包括第一帧、上一帧、播放/停止、下一帧、最后一帧。

**快捷键**:选择用于播放/停止预览的键盘快捷键——空格键、数字小键盘0和Shift+数字小键盘0等。预览行为取决于为当前选定的快捷键指定的设置。

**重置** :所有快捷键的默认预览设置。

**预览视频** :激活后将在预览中播放视频。

**预览音频** :激活后将在预览中播放音频。

**预览图层控件** :激活后将在预览中显示叠加和图层控件,如参考线、手柄和蒙版。

**循环选项** :用于设置是否需要循环预览。

图3-32

**在回放前缓存**:勾选该复选框,在渲染和缓存阶段会尽快渲染并缓存帧,随后会立即开始回放缓存的帧。

**范围**:用于定义要预览的帧的范围。【工作区】用于只预览工作区内的帧。【工作区域按当前时间延伸】用于将参照【当前时间指示器】的位置动态扩展工作区。

如果【当前时间指示器】被置于工作区之前，则范围长度是从当前时间到工作区终点。

如果【当前时间指示器】被置于工作区之后，则范围长度是从工作区域起点到当前时间；除非已经启用"当前时间"，在这种情况下，范围长度是从工作区起点到合成、图层或素材的最后一帧。

如果【当前时间指示器】被置于工作区内，则范围长度就是工作区域，没有扩展。

**整个持续时间：** 合成、图层或素材的所有帧。

**播放自：** 用于定义在【范围开头】或【当前时间】进行播放。

**帧速率：** 用于设置预览的帧速率，【自动】选项代表使用合成的帧速率。

**跳过：** 用于设置在2个渲染帧之间要跳过的帧数，0代表渲染所有帧，1代表在每2帧中跳过1个帧。

**分辨率：** 用于设置预览时的画面分辨率。其下拉列表中指定的值将覆盖合成的分辨率设置。

**全屏：** 勾选该复选框，将全屏显示预览效果。

**如果缓存，则播放缓存的帧：** 如果要停止仍在缓存的预览，就可以选择停止预览还是播放缓存的帧。

**将时间移到预览时间：** 勾选该复选框，如果停止预览，【当前时间指示器】将移动到最后预览的帧(红线)。

> ※**提示**※
>
> 在仅预览音频时，将立即以实时速度播放，除非用户为音频文件添加了除"立体声混合"之外的"音频效果"，在这种情况下，等待音频渲染后即可播放。

### 3.5.2 手动预览

在【时间轴】面板中拖曳【当前时间指示器】，即可手动预览视频；按住Ctrl键拖曳【当前时间指示器】，即可同时预览视频和音频；按住Ctrl+Alt键并拖曳【当前时间指示器】，即可单独预览音频。

# 3.6 渲染和导出

在After Effects中完成项目后，就可以进行影片的渲染了。渲染是将一个或多个合成添加到渲染队列，并以指定的格式创建影片。对于高质量的影片或图像序列，项目的渲染时间由项目的尺寸大小、质量、时间长度等因素决定。

在【项目】面板中选择需要渲染的合成文件，执行【合成】>【添加到渲染队列】命令，或将合成文件从【项目】面板中直接拖曳至【渲染队列】面板中即可，如图3-33所示。

图3-33

### 3.6.1 渲染设置

渲染设置决定了最终渲染输出的质量，单击【最佳设置】选项，弹出【渲染设置】对话框，如图3-34所示。

【渲染设置】对话框中的设置决定了每个与它关联的渲染项的输出质量，合成本身并不受影

图3-34

响，用户可以自定义设置渲染质量或使用预设的渲染设置，如图3-35所示。

**品质：**用于设置渲染的品质，包括【最佳】(渲染品质最高)、【草图】(质量相对较低，多用于测试)、【线框】(合成中的图像将以线框方式进行渲染)。

**分辨率：**用于设置渲染合成的分辨率。

**磁盘缓存：**用于设置渲染期间是否使用磁盘缓存。【只读】不会在渲染中使用磁盘缓存，【当前设置】使用在首选项中的磁盘缓存设置。

**代理使用：**用于设置是否在渲染时使用代理。【当前设置】将使用每个素材的设置。

图3-35

---

※**技术专题 代理**※

为了加快影片的测试预览或渲染的速度，通常可以选择现有素材的低分辨率或静止版本来替代现有素材。

选择素材，执行【文件】>【设置代理】>【文件】命令，找到并选择需要作为代理的素材文件打开即可。执行【文件】>【设置代理】>【无】命令，即可停止使用代理。在【项目】面板中，通过观察素材标记可以判断是否使用代理，如图3-36所示。

图3-36

空心框表示虽然素材使用了代理，但依旧在使用当前素材；实心框表示素材正在使用代理。选择使用代理的素材，将在【项目】面板的最上方显示代理的名称。当导入代理项目时，After Effects 会缩放该项目，直到它与实际素材具有相同的大小和持续时间，所以一般为了获得相对较好的效果，通常将代理设置为与实际素材具有相同的帧宽高比。例如，如果实际素材是1280×720像素影片，就可以创建320×180像素代理。

---

**效果：**【当前设置】使用效果开关 fx 的当前设置，【全部开启】将渲染所有图层效果，【全部关闭】将不渲染任何效果。

**独奏开关：**【当前设置】使用每个图层的独奏开关设置，【全部关闭】将关闭图层的独奏开关进行渲染。

**引导层：**【全部关闭】将不渲染引导层，【当前设置】将渲染合成中的引导层。

**颜色深度：**【当前设置】将按照合成中的颜色深度进行渲染，也可以单独指定【每通道8位】【每通道16位】【每通道32位】进行渲染。

**帧混合：**【对选中图层打开】将对开启了帧混合的图层渲染帧混合效果。【对所有图层关闭】将对所有图层都不渲染帧混合效果。

**场渲染：**用于设置是否进行【高场优先】或【低场优先】的渲染。

**3：2 Pulldown：**用于设置3：2 Pulldown 的相位。

**运动模糊：**【对选中的图层打开】将对开启了动态模糊的图层渲染动态模糊效果，无论合成的【启用运动模糊】如何设置。【对所有图层关闭】将不渲染所有图层的运动模糊效果。【当前设置】将渲染启用【运动模糊】的图层并且合成的【启用运动模糊】为打开状态的模糊效果。

**时间跨度：**用于设置渲染的时间范围。【仅工作区域】将只渲染工作区域内的合成，【合成长度】将渲染整个合成，也可以【自定义】渲染的时间范围。

**帧速率:** 用于设置渲染时使用的帧速率。【使用合成的帧速率】将以合成设置的帧速率为标准,【使用此帧速率】可以自定义帧速率。

**跳过现有文件(允许多机渲染):** 用于设置渲染文件的一部分,在渲染多个文件时,自动识别未渲染的帧,对于已经渲染的帧将不再进行渲染。

## 3.6.2 渲染设置模板

在创建渲染时,将自动分配默认渲染设置的模板,执行【编辑】>【模板】>【渲染设置】命令,或单击【渲染队列】面板中的【渲染设置】右边的按钮 ,在下拉列表中选择【创建模板】选项,在弹出的【渲染设置模板】对话框中设置即可,如图3-37所示。

单击【新建】按钮,指定渲染设置,创建新的渲染设置模板,输入新模板的名称,单击【确定】按钮即可。

在【设置名称】中选择已经存储的模板,单击【编辑】按钮,对现有的模板再次进行设置。

单击【复制】按钮,对现有的已经选中的模板进行复制操作。

单击【删除】按钮,对现有的已经选中的模板进行删除操作。

单击【全部保存】按钮,将当前已加载的所有渲染设置模板保存到文件。

图3-37

单击【加载】按钮,加载已保存的渲染设置模板。

> **※提示※**
>
> 在【默认】选项区域中,用户可以指定渲染影片、静帧、预渲染、代理时使用默认的模板。

## 3.6.3 输出模块设置

输出模块设置用于指定最终输出文件的格式、大小、是否裁剪、是否输出音频、颜色管理、压缩设置等,如图3-38所示。

**格式:** 用于设置输出文件的格式。

**包括项目链接:** 指定是否在输出文件中包括链接到源 After Effects 项目的信息。

**渲染后动作:** 用于设置 After Effects 在渲染合成之后要执行的动作。

**包括源 XMP元数据:** 默认处于未勾选状态。用于设置是否在输出文件中包括用作渲染合成的源文件中的 XMP 元数据。XMP 元数据可以通过 After Effects 从源文件传递到项目素材、合成,再传递到渲染和导出的文件。

**通道:** 用于设置输出影片中的通道信息。

**深度:** 用于设置输出影片的颜色深度。

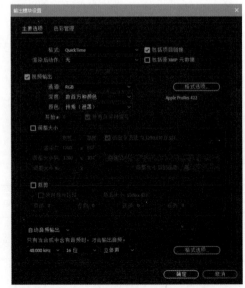

图3-38

**颜色：**用于设置使用 Alpha 通道创建颜色的方式，包括【预乘(遮罩)】和【直接(无遮罩)】。

**开始 #：**用于设置序列起始帧的编号。

**使用合成帧编号：**使用工作区域的起始帧编号作为序列的起始帧。

**格式选项：**用于设置指定格式扩展的选项。

**调整大小：**用于设置输出影片的大小。勾选【锁定长宽比】复选框，在缩放尺寸时保持现有帧长宽比。在渲染测试时可以选择【调整大小后的品质】为低，在最终渲染时可以选择【调整大小后的品质】为高。

**裁剪：**用于减少或增加输出影片的边缘像素。在【顶部】【左侧】【底部】【右侧】使用正值裁剪像素行或列，使用负值增加像素行或列。勾选【使用目标区域】复选框，仅导出在【合成】面板或【图层】面板中选择的目标区域。

**音频输出：**用于指定音频输出的采样率、采样深度和播放格式(单声道或立体声)。

> ※提示※
>
> 在 After Effects 中，类似于 H.264、MPEG-2 和 WMV 的格式均已从渲染队列中移除，因为 Adobe Media Encoder 可实现更佳的效果。使用 Adobe Media Encoder 可导出这些格式。

## 3.6.4 日志类型

在【日志】选项的下拉列表中，可以选择日志类型，包括【仅错误】【增加设置】【增加每帧信息】3种类型，如图3-39所示。

图3-39

## 3.6.5 设置输出路径和文件名

单击【输出到】选项后面的文字会弹出【将影片输出到】对话框，在该对话框中可以指定文件的输出路径和名称，如图3-40所示。

图3-40

## 3.6.6 渲染

在【渲染队列】面板中勾选需要渲染的合成文件，单击【渲染】按钮即可进行渲染，如图3-41

所示。

图3-41

如果输出模块所写入的磁盘空间不足，After Effects将暂停渲染操作。用户可以通过单击【暂停】按钮在渲染过程中暂停渲染，单击【继续】按钮可以继续进行渲染。

> ※提示※
>
> 在进行预览或者最终渲染输出合成时，在【时间轴】面板中将首先渲染最下端的图层，依次往上逐层渲染。在每个栅格(非矢量)图层中，将首先渲染蒙版，然后渲染效果，接着渲染变换以及图层样式。对于连续栅格化的矢量图层，将首先渲染蒙版，然后渲染变换，再渲染效果。

## 【练习3-2】：裁剪影片

**素材文件：** 实例文件/第3章/练习3-2

**效果文件：** 实例文件/第3章/练习3-2/裁剪影片.aep

**视频教学：** 多媒体教学/第3章/裁剪影片.avi

**技术要点：** 目标区域设置和裁剪影片

教学视频

1️⃣ 打开"实例文件/第3章/练习3-2/裁剪影片.aep"文件，如图3-42所示。

2️⃣ 在【合成】面板中选择【目标区域】，调整目标区域范围，如图3-43所示。

图3-42

图3-43

3️⃣ 选择"裁剪影片"合成，按Ctrl+M键将合成添加至渲染队列中，在【输出模块设置】对话框中勾选【裁剪】复选框，勾选【使用目标区域】复选框，最终大小由目标区域决定，如图3-44所示。

4️⃣ 单击【输出到】选项，设置输出格式，指定输出路径，单击【渲染】按钮进行渲染输出，如图3-45所示。

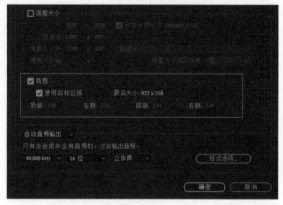

图3-44

图3-45

# 3.7 综合实战：素材合成

教学视频

**素材文件：** 实例文件/第3章/综合实战/素材合成
**效果文件：** 实例文件/第3章/综合实战/素材合成/素材合成.aep
**视频教学：** 多媒体教学/第3章/素材合成.avi
**技术要点：** 素材的导入和管理，创建项目合成及输出

**1** 双击【项目】面板，全选"素材1"至"素材4"并将其导入，如图3-46所示。

**2** 选择【项目】面板中的所有素材，拖曳至【项目】面板底部的【新建合成】按钮上，弹出【基于所选项新建合成】对话框，选择【单个合成】单选按钮，勾选【序列图层】复选框，如图3-47所示。

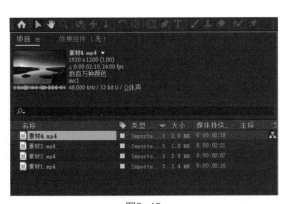

图3-46

图3-47

**3** 双击【项目】面板，导入"logo.png"素材并拖曳至合成中图层的右上端位置，如图3-48所示。

图3-48

**4** 执行【合成】>【合成设置】命令，设置【合成名称】为"素材合成"，【开始时间码】为0:00:00:00，如图3-49所示。

**5** 选择"logo.png"图层，执行【效果】>【透视】>【投影】命令，在【效果控件】面板中，设置【不透明度】为30%，【柔和度】为3，如图3-50所示。

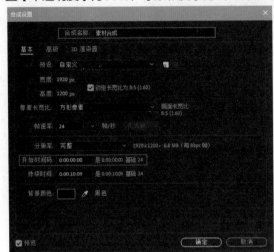

图3-49　　　　　　　　　　　　　　　　　图3-50

**6** 按小键盘上的0键，预览动画效果。按Ctrl+M键将合成添加至渲染队列并输出，最终影片效果如图3-51所示。

图3-51

# 第4章
## 图　层

# 4.1 了解图层

图层是构成合成的元素。After Effects中的图层类似于Photoshop中的图层，一张张按顺序叠放在一起，组合起来形成合成的最终效果。

用户可以在【时间轴】面板中调整图层的分布，After Effects会对合成中的图层进行编号，其编号会显示在图层名称的左侧位置。图层的堆叠顺序会影响合成的最终效果。在默认设置下，图层按照从上往下的顺序依次叠放，上层图层的图像会遮盖下层图层的图像。用户也可以通过调整混合模式，使上下图层进行各种混合，产生特殊的效果，如图4-1所示。

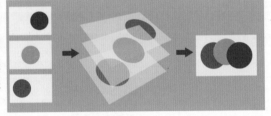

图4-1

## 4.1.1 图层的种类

在After Effects 中，用户可以创建多种图层，主要分为以下几种。

(1) 基于导入素材项目(如静止图像、影片和音频轨道)的视频和音频图层。

(2) 用于执行特殊功能的图层(如摄像机、灯光、调整图层和空对象)。

(3) 创建的纯色素材项目的纯色图层。

(4) 形状图层和文本图层。

(5) 预合成图层。

After Effects为用户提供了10种新建图层的命令，大多数新建图层的命令都会立即在现有选定图层的上方创建图层，如果未选择任何图层，则新图层会在堆栈的最上方创建。用户可以执行【图层】>【新建】命令，选中任意图层类型，即可创建一个新的图层，如图4-2所示。

图4-2

> ※提示※
>
> 在【时间轴】面板的空白区域单击鼠标右键，在弹出的菜单中选择【新建】命令，同样能够创建不同类型的图层。

### 1. 文本图层

用户可以执行【图层】>【新建】>【文本】命令，创建文本图层。文本图层是用于创建文字效果的图层，如图4-3所示。

### 2. 纯色图层

用户可以执行【图层】>【新建】>【纯色】命令，创建纯色图层。纯色图层是具有颜色的图层，用户可以选择纯色图层，执行【图层】>【纯色设置】命令，再次修改纯色图层的参数信息，如图4-4所示。

图4-3

### 3. 灯光图层

用户可以执行【图层】>【新建】>【灯光】命令，创建灯光图层。灯光图层用于模拟不同种类

灯光的效果，在灯光图层的属性面板中，用户可以设置灯光图层的【灯光类型】【颜色】【强度】等参数，如图4-5所示。

| 图4-4 | 图4-5 |

### 4. 摄像机图层

用户可以执行【图层】>【新建】>【摄像机】命令，创建摄像机图层。摄像机图层用于在3D模式下模拟摄像机运动的效果，如图4-6所示。

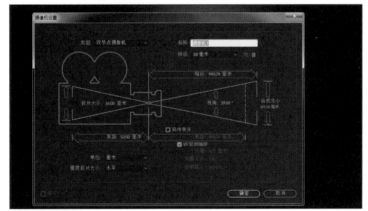

图4-6

### 5. 空对象图层

用户可以执行【图层】>【新建】>【空对象】命令，创建空对象图层。空对象图层是具有图层的所有属性的不可见图层，因此经常用于配合表达式和作为父级使用，如图4-7所示。

### 6. 形状图层

用户可以执行【图层】>【新建】>【形状图层】命令，创建形状图层。形状图层包含称为形状的矢量图形对象。默认情况下，形状包括路径、描边和填充，如图4-8所示。

| 图4-7 | 图4-8 |

### 7. 调整图层

用户可以执行【图层】>【新建】>【调整图层】命令，创建调整图层。调整图层会影响在图层堆叠顺序中位于该图层之下的所有图层，位于图层堆叠顺序底部的调整图层没有可视结果，如图4-9所示。

图4-9

> ※提示※
>
> 除了执行【图层】>【新建】>【调整图层】命令创建调整图层外，还可以在【时间轴】面板中通过单击图层属性中的【调整图层】按钮 ◢，将图层转换为调整图层。

### 8. 内容识别填充图层

用户可以执行【图层】>【新建】>【内容识别填充图层】命令，创建内容识别填充图层。内容识别填充图层不仅可以对图片进行内容识别填充，而且还可以给视频跟踪后的位置进行内容识别填充，如图4-10所示。

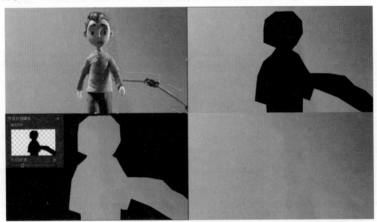

图4-10

### 9. Adobe Photoshop 文件

用户可以执行【图层】>【新建】>【Adobe Photoshop文件】命令，创建Adobe Photoshop文件图层。图层可以直接添加到合成中，然后在Photoshop中打开该图层的源以供用户创建可视化元素，如影片的背景图层等。

#### 10. Maxon Cinema 4D 文件

用户可以执行【图层】>【新建】>【Maxon Cinema 4D文件】命令，创建Maxon Cinema 4D文件图层，如图4-11所示。Cinema 4D是Maxon推出的常用3D建模和动画工具。After Effects 和Maxon Cinema 4D的结合使用，可以处理复杂的3D元素、场景和动画。

图4-11

### 4.1.2　图层的属性

在After Effects中，经常会使用图层属性制作动画效果。除音频图层外，每个图层都具有一个基本的【变换】属性组，该组包括【锚点】【位置】【缩放】【旋转】【不透明度】属性，如图4-12所示。

**锚点：** 锚点就是图层的轴心点，图层的位置、旋转和缩放都是基于锚点来操作的。锚点属性的快捷键为A。当进行图层的旋转、位移和缩放操作时，锚点的位置会影响最终的效果。

图4-12

**位置：** 位置属性用于调整图层在画面中的位置，通过位置属性可以制作位移动画。位置属性的快捷键为P。普通的二维图层通过X轴和Y轴两个参数来定义图层位于合成中的位置。

**缩放：** 缩放属性用于控制图层的大小，缩放的中心为锚点所在的位置，普通的二维图层通过X轴和Y轴两个参数来调整。缩放属性的快捷键为S。在设置缩放属性时，其【约束比例】 默认为开启状态。用户可以通过单击【约束比例】选项解除锁定，即可对图层的X轴和Y轴进行单独调节。

**旋转：** 旋转属性用于控制图层在画面中旋转的角度。旋转属性的快捷键为R。普通的二维图层的旋转属性由【圈数】和【度数】两个参数组成。如1×+20°表示图层旋转了1圈又20°，即380°。

**不透明度：** 不透明度属性用于控制图层的不透明度效果，以百分比的形式来显示。不透明度属性的快捷键为T。当数值为100%时，图层完全不透明；当数值为0%时，图层完全透明。

> ※技巧※
> 在使用快捷键显示图层属性时，如果需要一次显示两个或两个以上的属性，只要按住键盘上的Shift键，追加其他属性的快捷键即可。

### 4.1.3　图层的开关

图层的许多属性由其图层开关决定，如图4-13所示。

**图层开关 ：** 展开或折叠【图层开关】窗格。

**转换控制 ：** 展开或折叠【转换控制】窗格。

图4-13

**入点/出点/持续时间/伸缩 🔧:** 展开或折叠【入点/出点/持续时间/伸缩】窗格。

**渲染时间 📊:** 展开或折叠【渲染时间】窗格。

**视频 👁:** 隐藏或显示来自合成的视频。

**音频 🔊:** 启用或禁用图层声音。

**独奏 ⊙:** 隐藏所有非独奏视频。

**锁定 🔒:** 锁定图层，阻止再次编辑图层。

**消隐 ⚐:** 在【时间轴】面板中显示或隐藏图层。

**折叠变换/连续栅格化 ✳:** 如果图层是预合成，则折叠变换；如果图层是形状图层、文本图层或以矢量图形文件(如 Adobe Illustrator 文件)作为源素材的图层，则连续栅格化。为矢量图层选择此开关会导致 After Effects 重新栅格化图层的每个帧，这会提高图像品质，但也会增加预览和渲染所需的时间。

**质量和采样 ◣:** 在图层渲染品质的【最佳】和【草稿】选项之间切换。

**效果 fx:** 显示或关闭图层效果。

**帧混合 ▦:** 用于设置帧混合的状态，分为【帧混合】【像素运动】【关】3种模式。

**运动模糊 ◔:** 启用或禁用运动模糊。

**调整图层 ◪:** 将图层转换为调整图层。

**3D图层 ⬡:** 将图层转换为 3D 图层。

# 4.2 图层操作

## 4.2.1 选择图层

在进行合成效果制作时，需要经常选择一个或多个图层进行编辑。对于单个图层，用户可以直接在【时间轴】面板中单击所要选择的图层。当用户需要选择多个图层时，可以使用以下方式。

(1) 在【时间轴】面板左侧按住鼠标左键框选多个连续的图层。

(2) 在【时间轴】面板左侧单击起始图层，按住键盘上的Shift键，单击结束图层。

(3) 在【时间轴】面板左侧单击起始图层，按住键盘上的Ctrl键，单击需要选择的图层，这样就可以实现图层的单独加选。

(4) 在颜色标签 ▼■1 上单击鼠标右键，在弹出的菜单中选择【选择标签组】命令，即可将相同标签颜色的图层同时选中。

(5) 执行【编辑】>【全选】命令，或使用快捷键Ctrl+A，即可选择【时间轴】面板中的所有图层。执行【编辑】>【全部取消选择】命令，或使用快捷键Ctrl+Shift+A，即可将已经选中的图层全部取消。

## 4.2.2 改变图层的排列顺序

在【时间轴】面板中可以改变图层的排列顺序，改变图层的顺序将影响最终的合成效果。用户可以通过按住鼠标左键拖曳图层从而调整图层的上下位置，也可以执行【图层】>【排列】命令，调整图层的位置，如图4-14所示。

图4-14

**将图层置于顶层:** 用于将选中的图层调整至最上层。

**使图层前移一层:** 用于将选中的图层向上移动一层。

**使图层后移一层：**用于将选中的图层向下移动一层。

**将图层置于底层：**用于将选中的图层调整至最下层。

## 4.2.3 复制图层

当需要对【时间轴】面板中的图层进行复制操作时，用户可以执行【编辑】>【重复】命令，或使用快捷键Ctrl+D，即可为当前图层复制出一个图层。

## 4.2.4 拆分图层

在After Effects中，用户可以将一个图层拆分为两个独立的图层。选中需要拆分的图层，在【时间轴】面板中将【当前时间指示器】调整到需要拆分的位置，执行【编辑】>【拆分图层】命令，即可将图层在当前时间分为两个独立的图层，如图4-15所示。

图4-15

## 4.2.5 提升/提取工作区域

如果需要移除合成中的某些内容，就可以使用【提升工作区域】和【提取工作区域】命令，如图4-16所示。

【提升工作区域】和【提取工作区域】的操作方式基本一致，首先需要设置工作区域。在【时间轴】面板中通过快捷键B可以设置工作区域的起始位置，快捷键N可以设置工作区域的结束位置。

图4-16

选择需要提升/提取的图层，执行【编辑】>【提升工作区域】或【提取工作区域】命令进行相应的内容移除。

**提升工作区域：**【提升工作区域】可以移除工作区域内被选中的图层内容，但是被选择图层的总时长保持不变，中间会保留删除后的空间，如图4-17所示。

图4-17

**提取工作区域：**【提取工作区域】可以移除工作区域内被选中的图层内容，但是被选择图层的总时间长度会被缩短，删除后的空间将会被后段素材所取代，如图4-18所示。

图4-18

### 4.2.6 设置图层的出入点

用户可以在【时间轴】面板中通过拖曳的方式对图层的时间出入点进行精确的设置，也可以通过手动调节的方式完成。

在【时间轴】面板中按住鼠标左键拖曳图层左侧的边缘位置，或将【当前时间指示器】调整到相应位置，使用快捷键Alt+【调整图层的入点，如图4-19所示。

图4-19

在【时间轴】面板中按住鼠标左键拖曳图层右侧的边缘位置，或将【当前时间指示器】调整到相应位置，使用快捷键Alt+】调整图层的出点。

用户可以通过单击【时间轴】面板中的【入点】【出点】【持续时间】选项，直接输入数值来改变图层的出入点和持续时间，如图4-20所示。

图4-20

### 4.2.7 父子图层

在对某一个图层进行基础属性变换时，若想对其他图层产生相同效果的影响，用户可以通过设置父子图层的方式来实现。当父级图层的基础属性发生变化时，子级图层除不透明度以外的属性会随父级图层发生改变。用户可以在【时间轴】面板的【父级】选项中设置指定图层的父级图层，如图4-21所示。

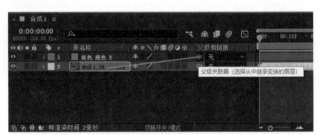

图4-21

> ※**提示**※
> 一个父级图层可以同时拥有多个子级图层，但是一个子级图层只能有一个父级图层。

### 4.2.8 自动排列图层

在进行图层排列时，用户可以使用【关键帧辅助】功能对图层进行自动排列。首先需要选择所有的图层，执行【动画】>【关键帧辅助】>【序列图层】命令，选择的第一个图层是最先出现的图层，其他被选择的图层将按照一定的顺序在时间线上自动排列，如图4-22所示。

图4-22

用户可以通过勾选【重叠】复选框，设置图层之间是否产生重叠，以及重叠的持续时间和过渡方式，如图4-23所示。

**持续时间：**用来设置图层之间的重叠时间。

**过渡：**用来设置重叠部分的过渡方式，分为【关】【溶解前景图层】【交叉溶解前景和背景图层】3种方式。

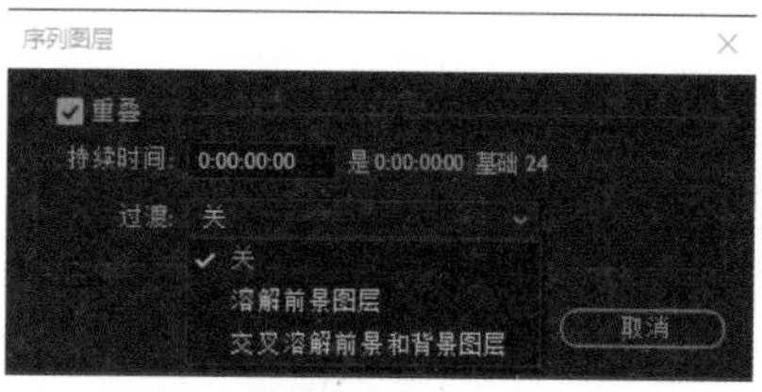

图4-23

# 4.3 图层混合模式

图层混合模式就是将当前图层与下层图层相互混合、叠加或交互，通过图层素材之间的相互影响，使当前图层画面产生变化效果。图层混合模式分为8组，38种模式。用户可以在【时间轴】面板中选中需要修改混合模式的图层，执行【图层】>【混合模式】命令，选择相应的混合模式。

> ※**技巧**※
>
> 在【时间轴】面板中使用快捷键F4可以快速切换是否显示图层的混合模式面板。

**1. 普通模式组**

普通模式组的混合效果是根据不透明度而产生变化，除非不透明度小于源图层的100%，否则，像素的结果颜色不受基础像素颜色的影响，包括【正常】【溶解】【动态抖动溶解】3种模式。

**正常：**默认模式，当图层素材的不透明度为100%时，遮挡下层素材的显示效果，如图4-24所示。

**溶解：**影响图层素材之间的融合显示，图层结果影像像素由基础颜色像素或混合颜色像素随机替换，显示效果取决于像素不透明度的多少。如果不透明度为100%时，则不显示下层素材影像，如图4-25所示。

图4-24

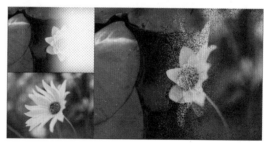

图4-25

> ※**提示**※
>
> 降低图层的不透明度，溶解效果会更加明显。

**动态抖动溶解：**除了为每个帧重新计算概率函数外，与【溶解】模式相同，因此结果随时间而变化。

**2. 变暗模式组**

变暗模式组的主要作用就是使当前图层的素材颜色整体加深变暗，包括【变暗】【相乘】【颜色加深】【经典颜色加深】【线性加深】【较深的颜色】6种模式。

**变暗：**两个图层间的素材相混合时，查看并比较每个通道的颜色信息，选择基础颜色和混合颜色中较为偏暗的颜色作为结果颜色，暗色替代亮色，如图4-26所示。

**相乘：**这是一种减色模式，将基础颜色通道与混合颜色通道的数值相乘，再除以位深度像素的最大值，具体结果取决于图层素材的颜色深度。而颜色相乘后会得到一种更暗的效果，如图4-27

所示。

图4-26　　　　　　　　　　　　　　　　图4-27

　　**颜色加深：**查看并比较每个通道中的颜色信息，增加对比度使基础颜色变暗，结果颜色是混合颜色变暗而形成的，混合影像中的白色部分不发生变化，如图4-28所示。

　　**经典颜色加深：**After Effects 5.0和更低版本中的【颜色加深】模式已重命名为【经典颜色加深】，使用它可保持与早期项目的兼容性。

　　**线性加深：**查看并比较每个通道中的颜色信息，通过减小亮度使基础颜色变暗以反映混合颜色，混合影像中的白色部分不发生变化，比【相乘】模式产生更暗的效果，如图4-29所示。

图4-28　　　　　　　　　　　　　　　　图4-29

　　**较深的颜色：**与【变暗】模式相似，但不会比较素材间的生成颜色，只对素材进行比较，选取最小数值为结果颜色，如图4-30所示。

### 3. 变亮模式组

　　变亮模式组的主要作用就是使图层的素材颜色整体变亮，包括【相加】【变亮】【屏幕】【颜色减淡】【经典颜色减淡】【线性减淡】【较浅的颜色】7种模式。

　　**相加：**每个结果颜色通道值是源颜色和基础颜色的相应颜色通道值的和，如图4-31所示。

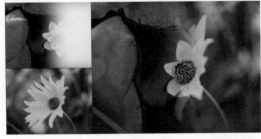

图4-30　　　　　　　　　　　　　　　　图4-31

> ※**提示**※
>
> 　　素材中的黑色背景去除更多的情况下选用的就是【相加】模式，如带有黑色背景的火焰效果。

　　**变亮：**两个图层间的素材相混合时，查看并比较每个通道的颜色信息，选择基础颜色和混合颜色中较为明亮的颜色作为结果颜色，亮色替代暗色，如图4-32所示。

**屏幕：** 查看每个通道中的颜色信息，并将混合之后的颜色与基础颜色进行相乘，得到一种更亮的效果，如图4-33所示。

图4-32　　　　　　　　　　　　　　　　　　图4-33

**颜色减淡：** 查看并比较每个通道中的颜色信息，通过减小二者之间的对比度使基础颜色变亮以反映混合颜色，混合影像中的黑色部分不发生变化，如图4-34所示。

**经典颜色减淡：** After Effects 5.0 和更低版本中的【颜色减淡】模式已重命名为【经典颜色减淡】，使用它可保持与早期项目的兼容性。

**线性减淡：** 查看并比较每个通道中的颜色信息，通过增加亮度使基础颜色变亮以反映混合颜色，混合影像中的黑色部分不发生变化，如图4-35所示。

图4-34　　　　　　　　　　　　　　　　　　图4-35

**较浅的颜色：** 与【变亮】模式相似，但不对各个颜色通道执行操作，只对素材进行比较，选取最大数值为结果颜色，如图4-36所示。

### 4. 叠加模式组

叠加模式组的混合效果就是将当前图层素材与下层图层素材的颜色亮度进行比较，查看灰度后，选择合适的模式叠加效果，包括【叠加】【柔光】【强光】【线性光】【亮光】【点光】【纯色混合】7种模式。

**叠加：** 对当前图层的基础颜色进行正片叠底或滤色叠加，保留当前图层素材的明暗对比，如图4-37所示。

图4-36　　　　　　　　　　　　　　　　　　图4-37

**柔光:** 使结果颜色变暗或变亮,具体取决于混合颜色。与发散的聚光灯照在图像上的效果相似。如果混合颜色比 50% 灰色亮,则结果颜色变亮,反之则变暗。混合影像中的纯黑或纯白颜色,可以产生明显的变暗或变亮效果,但不能产生纯黑或纯白颜色效果,如图4-38所示。

**强光:** 模拟强烈光线照在图像上的效果。该效果对颜色进行正片叠底或过滤,具体取决于混合颜色。如果混合颜色比 50% 灰色亮,则结果颜色变亮,反之则变暗。多用于添加高光或阴影效果。混合影像中的纯黑或纯白颜色,在素材混合后仍会产生纯黑或纯白颜色效果,如图4-39所示。

图4-38　　　　　　　　　　　　　　　　图4-39

**线性光:** 通过增加或减小亮度来加深或减淡颜色,具体取决于混合颜色。如果混合颜色比50%灰色亮,则通过增加亮度使图像变亮;反之,则通过减小亮度使图像变暗,如图4-40所示。

**亮光:** 通过增加或减小对比度来加深或减淡颜色,具体取决于混合颜色。如果混合颜色比50%灰色亮,则通过减小对比度使图像变亮;反之,则通过增加对比度使图像变暗,如图4-41所示。

图4-40　　　　　　　　　　　　　　　　图4-41

**点光:** 根据混合颜色替换颜色。如果混合颜色比 50% 灰色亮,则替换比混合颜色暗的像素,而不改变比混合颜色亮的像素;如果混合颜色比 50% 灰色暗,则替换比混合颜色亮的像素,而比混合颜色暗的像素保持不变。这对于向图像添加特殊效果非常有用,如图4-42所示。

**纯色混合:** 通过将混合图层的每个RGB通道的值添加到基础图层中的相应RGB通道来应用混合,生成的图像会丢失很多细节,颜色只能是黑色、白色或六种原色(红色、绿色、蓝色、青色、洋红色或黄色)中的任何一种,如图4-43所示。

图4-42　　　　　　　　　　　　　　　　图4-43

**5. 差值模式组**

　　差值模式组是基于当前图层与下层图层的颜色值来产生差异效果,包括【差值】【经典差值】

【排除】【相减】【相除】5种模式。

**差值：** 对于每个颜色通道，从浅色输入值中减去深色输入值。使用白色绘画会反转背景颜色，使用黑色绘画不会产生任何变化，如图4-44所示。

**经典差值：** After Effects 5.0 和更低版本中的【差值】模式已重命名为【经典差值】，使用它可保持与早期项目的兼容性。

**排除：** 创建与【差值】模式相似但对比度更低的结果。如果源颜色是白色，则结果颜色是基础颜色的补色；如果源颜色是黑色，则结果颜色是基础颜色，如图4-45所示。

图4-44

图4-45

**相减：** 从基础颜色中减去源颜色。如果源颜色是黑色，则结果颜色是基础颜色。在每通道32位项目中，结果颜色值可以小于0，如图4-46所示。

**相除：** 基础颜色除以源颜色。如果源颜色是白色，则结果颜色是基础颜色。在每通道32位项目中，结果颜色值可以大于1.0，如图4-47所示。

图4-46

图4-47

## 6. 颜色模式组

颜色模式组会改变下层颜色的色相、饱和度和明度等信息，包括【色相】【饱和度】【颜色】【发光度】4种模式。

**色相：** 结果颜色具有基础颜色的发光度、饱和度，以及源颜色的色相，如图4-48所示。

**饱和度：** 结果颜色具有基础颜色的发光度、色相，以及源颜色的饱和度，如图4-49所示。

图4-48

图4-49

**颜色：** 结果颜色具有基础颜色的发光度，以及源颜色的色相、饱和度。此混合模式保持基础颜色中的灰色阶，可用于为灰度图像上色和为彩色图像着色，如图4-50所示。

**发光度：**结果颜色具有基础颜色的色相、饱和度，以及源颜色的发光度。此模式与【颜色】模式相反，如图4-51所示。

图4-50                  图4-51

### 7. 蒙版模式组

蒙版模式组可以将源图层转换为下层图层的遮罩，包括【模板Alpha】【模板亮度】【轮廓Alpha】【轮廓亮度】4种模式。

**模板Alpha：**使用图层的 Alpha 通道创建模板，如图4-52所示。

**模板亮度：**使用图层的亮度值创建模板。图层的浅色像素比深色像素更不透明，如图4-53所示。

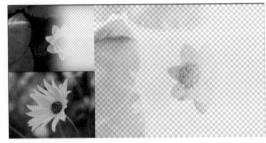

图4-52                  图4-53

**轮廓Alpha：**使用图层的 Alpha 通道创建轮廓，如图4-54所示。

**轮廓亮度：**使用图层的亮度值创建轮廓。在图层的绘画区域中创建透明度，从而查看基础图层或背景。混合颜色的亮度值确定结果颜色中的不透明度。图层的浅色像素导致比深色像素更透明。使用纯白色绘画会创建 0% 不透明度，使用纯黑色绘画不会产生任何变化，如图4-55所示。

图4-54                  图4-55

### 8. 共享模式组

共享模式组可以使下层图层与源图层的Alpha通道或透明区域像素产生相互作用，包括【Alpha添加】和【冷光预乘】2种模式。

**Alpha添加：**通过为合成添加色彩互补的 Alpha 通道来创建无缝的透明区域，用于从两个相互

反转的 Alpha 通道或从两个接触的动画图层的 Alpha 通道边缘删除可见边缘，如图4-56所示。

**冷光预乘：** 通过将超过 Alpha 通道值的颜色值添加到合成中来防止修剪这些颜色值。在应用此模式时，通过将预乘 Alpha 源素材的解释更改为直接 Alpha 来获得最佳结果，如图4-57所示。

图4-56

图4-57

# 4.4 合成嵌套

合成嵌套是将一个合成放置在另一个合成中。当需要对多个图层使用相同的变换和特效，或是对合成中的图层进行分组时，即可使用合成嵌套。合成嵌套又称为预合成，会将合成中的图层放置在新合成中，这将替换原始合成中的图层。新的嵌套合成将成为原始合成中单个图层的源。

用户可以在【时间轴】面板中选择一个或多个图层，执行【图层】>【预合成】命令，或使用快捷键Ctrl+Shift+C，在弹出的【预合成】对话框中，设置相应的选项，如图4-58所示。

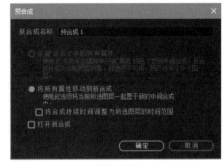

图4-58

**保留合成中的所有属性：** 将所有图层的属性、关键帧信息等保留在合成中。当选择了多个图层、文本图层和形状图层时，此选项不可用。

**将所有属性移动到新合成：** 将所有图层的属性、关键帧信息等移动到新建的合成中。

**打开新合成：** 勾选该复选框，执行【预合成】命令后，将在【时间轴】面板中打开新合成。

# 4.5 创建关键帧动画

如果为图层或图层效果改变一个或多个属性，并把这些变化记录下来，就可以创建关键帧动画。

## 4.5.1 激活关键帧

在After Effects中，每个可以制作动画的属性参数前都有一个【时间变化秒表】按钮，单击该按钮即可制作关键帧动画。激活【时间变化秒表】按钮，在【时间轴】面板中任何属性的变化都将产生新的关键帧，在【时间轴】面板中将出现关键帧图标。当用户再次单击【时间变化秒表】按钮时，将会停用记录关键帧功能，所有已经设置的关键帧将自动取消，如图4-59所示。

图4-59

### 4.5.2　显示关键帧曲线

在【时间轴】面板中单击【图表编辑器】按钮 ，即可显示关键帧曲线。在图表编辑器中，每个属性都通过它自己的曲线表示，用户可以方便地观察和处理一个或多个关键帧，如图4-60所示。

**选择具体显示在图表编辑器中的属性 ：** 用于设置显示在图表编辑器中的属性，包括【显示选择的属性】【显示动画属性】【显示图表编辑器集】。

**选择图表类型和选项 ：** 用于选择图表显示的类型等，如图4-61所示。

图4-60

图4-61

**自动选择图表类型：** 自动为属性选择适当的图表类型。

**编辑值图表：** 为所有属性显示值图表。

**编辑速度图表：** 为所有属性显示速度图表。

**显示参考图表：** 在后台显示未选择且仅供查看的图表类型。

**显示音频波形：** 显示音频波形。

**显示图层的入点/出点：** 显示具有属性的所有图层的入点和出点。

**显示图层标记：** 显示图层标记。

**显示图表工具技巧：** 打开或关闭图表工具提示。

**显示表达式编辑器：** 显示或隐藏表达式编辑器。

**允许帧之间的关键帧：** 允许在两帧之间继续插入关键帧。

**变换框 ：** 激活该按钮后，在选择多个关键帧时，显示变换框。

**对齐 ：** 激活该按钮后，在编辑关键帧时将自动进行吸附对齐的操作。

**自动缩放图标高度 ：** 切换自动缩放高度模式来自动缩放图表的高度，以使其适合图表编辑器的高度。

**使选择适于查看 ：** 在图表编辑器中调整图表的值(垂直)和时间(水平)刻度，使其适合选定的关键帧。

**使所有图表适于查看 ：** 在图表编辑器中调整图表的值(垂直)和时间(水平)刻度，使其适合所有图表。

**单独尺寸 ：** 在调节【位置】属性时，单击该按钮可以单独调节【位置】属性的动画曲线。

**编辑选定的关键帧 ：** 用于设置选定的关键帧，在弹出的菜单中选择相应的命令即可。

**关键帧插值设置 ：** 用于设置关键帧插值计算方式，依次为【定格】【线性】【自动贝塞尔曲线】。

**关键帧曲线设置 ：** 用于设置关键帧辅助类型，依次为【缓动】【缓入】【缓出】。

### 4.5.3　选择关键帧

当为图层添加了关键帧后，用户可以通过关键帧导航器从一个关键帧跳转到另一个关键帧，同时也可以对关键帧进行删除或添加的操作，如图4-62所示。

**转到上一个关键帧◀:** 单击该按钮，跳转到上一个关键帧的位置，快捷键为J。

**转到下一个关键帧▶:** 单击该按钮，跳转到下一个关键帧的位置，快捷键为K。

**在当前时间添加或移除关键帧◆:** 当前时间点若有关键帧，单击该按钮，表示取消关键帧；当前时间点若没有关键帧，单击该按钮，将在当前时间点添加关键帧。

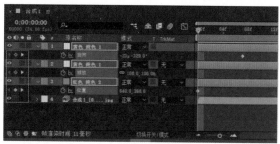

图4-62

※提示※

执行【转到上一个关键帧】和【转到下一个关键帧】操作时，仅适用于当前指定属性。

※**技术专题 选择关键帧**※

当用户进行关键帧选择时，还可以通过下列方法来实现。

**同时选择多个关键帧:** 当需要选择多个关键帧时，用户可以按住Shift键连续单击选择关键帧，或按住鼠标左键进行拖曳，在选框内的关键帧都将被选中。

**选择所有关键帧:** 当需要选择图层属性中所有的关键帧时，用户可以在【时间轴】面板中单击图层的属性名称即可。

**选择具有相同属性的关键帧:** 当需要选择在同一个图层中属性数值相同的关键帧时，用户可以选择其中一个关键帧，单击鼠标右键，在弹出的菜单中选择【选择相同关键帧】命令。

**选择某个关键帧之前或之后的所有关键帧:** 当需要选择在同一个图层中某个关键帧之前或之后的所有关键帧时，用户可以单击鼠标右键，在弹出的菜单中选择【选择前面的关键帧】或【选择跟随关键帧】命令。

## 4.5.4 编辑关键帧

**1. 移动关键帧**

当需要改变关键帧在时间轴中的位置时，用户可以选择需要移动的关键帧，按住鼠标左键进行拖曳即可。若用户选择的是整体移动多个关键帧，那么关键帧之间的相对位置保持不变。

**2. 修改关键帧数值**

当需要修改关键帧数值时，用户可以选中需要修改参数的关键帧，双击鼠标左键，在弹出的对话框中输入数值即可，如图4-63所示；或在选中的关键帧上单击鼠标右键，在弹出的菜单中选择【编辑值】命令。

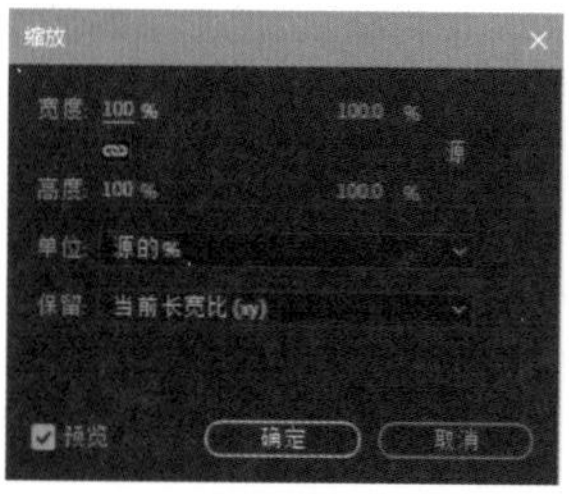

**3. 复制和粘贴关键帧**

选择需要复制的一个或多个关键帧，执行【编辑】>【复制】

图4-63

命令，将【当前时间指示器】移动到需要粘贴的时间处，执行【编辑】>【粘贴】命令即可。粘贴后的关键帧依然处于被选中的状态，用户可以继续对其进行编辑，也可以通过快捷键Ctrl+C和Ctrl+V完成上述操作。

※提示※

当需要剪切和粘贴关键帧时，用户可以执行【编辑】>【剪切】命令，将【当前时间指示器】移动到需要粘贴的时间处，执行【编辑】>【粘贴】命令即可。

**4. 删除关键帧**

选择需要删除的一个或多个关键帧，执行【编辑】>【清除】命令，或使用快捷键Delete删除即可。

### 4.5.5 设置关键帧插值

插值是在两个已知值之间填充未知数据的过程，可以在任意两个相邻的关键帧之间的属性自动计算数值。关键帧之间的插值可以用于对运动、效果、音频电平、图像调整、不透明度、颜色变化，以及许多其他视觉元素和音频元素添加动画。

在【时间轴】面板中，右击关键帧，在弹出的菜单中选择【关键帧插值】命令，在弹出的【关键帧插值】对话框中，可以进行插值的设置，如图4-64所示。

在【关键帧插值】对话框中，调节关键帧插值主要有3种方式。【临时插值】可以调整与时间相关的属性，影响属性随着时间变化的方式；【空间差值】用于影响路径的形状，只对【位置】属性有作用；【漂浮】用于控制关键帧是锁定到当前时间还是自动产生平滑效果。

图4-64

【临时插值】与【空间插值】的插值选项大致相同，包括以下内容。

**当前设置：** 该选项为默认，表示维持关键帧当前的状态。

**线性：** 线性插值在关键帧之间创建统一的变化率，表现为线性的匀速变化，这种方法让动画看起来具有机械效果。

**贝塞尔曲线：** 贝塞尔曲线插值是最精确的控制方式，用户可以手动调整关键帧任一侧的值图表或运动路径段的形状。在绘制复杂形状的运动路径时，用户可以在值图表和运动路径中单独操控贝塞尔曲线关键帧上的两个方向手柄。

**连续贝塞尔曲线：** 连续贝塞尔曲线插值通过关键帧创建平滑的变化速率，用户可以手动设置连续贝塞尔曲线方向手柄的位置。

**自动贝塞尔曲线：** 自动贝塞尔曲线插值通过关键帧创建平滑的变化速率，将自动产生速度变化。

**定格：** 定格插值仅在作为时间插值方法时才可用。当希望图层突然出现或消失时，使用定格插值的方式，这种方式不会产生任何过渡效果。

## 4.6 综合实战：屏幕动画

**素材文件：** 实例文件/第4章/综合实战/屏幕动画

**效果文件：** 实例文件/第4章/综合实战/屏幕动画/屏幕动画.aep

教学视频

**视频教学：** 多媒体教学/第4章/屏幕动画.avi

**技术要点：** 添加关键帧动画

本案例是针对关键帧设置的基础案例。通过本案例能够了解和掌握创建基础二维动画的方式，如图4-65所示。

图4-65

**1** 双击【项目】面板，导入"屏幕动画.psd"文件，将【导入种类】修改为"合成-保持图层大小"，如图4-66所示。

**2** 双击【项目】面板中的"屏幕动画"合成，执行【合成】>【合成设置】命令，将【持续时间】修改为0:00:05:00，如图4-67所示。

图4-66

图4-67

**3** 选择"黑屏"图层，将【当前时间指示器】移动至0:00:00:03位置，激活【不透明度】属性的【时间变化秒表】按钮；将【当前时间指示器】移动至0:00:00:13位置，将【不透明度】设置为0%，如图4-68所示。

图4-68

**4** 选择"照片"图层，将【当前时间指示器】移动至0:00:01:07位置，激活【缩放】和【不透明度】属性的【时间变化秒表】按钮，如图4-69所示。

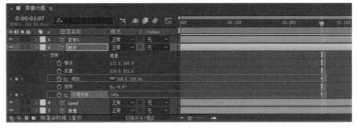

图4-69

**5** 选择"照片"图层，将【当前时间指示器】移动至0:00:01:00位置，设置【缩放】为(0,0%)，【不透明度】为0%，如图4-70所示。

**6** 选择"文字1"图层，将【当前时间指示器】移动至0:00:02:00位置，激活【位置】和【不透明度】属性的【时间变化秒表】按钮；将【当前时间指

图4-70

示器】移动至0:00:01:18位置，设置【位置】为(445.5,199.5)，【不透明度】为0%，如图4-71所示。

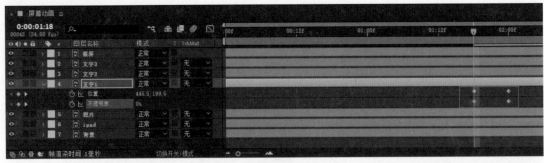

图4-71

**7** 选择"文字2"图层,将【当前时间指示器】移动至0:00:02:20位置,激活【缩放】和【不透明度】属性的【时间变化秒表】按钮;将【当前时间指示器】移动至0:00:02:14位置,设置【缩放】为(0,0%),【不透明度】为0%,如图4-72所示。

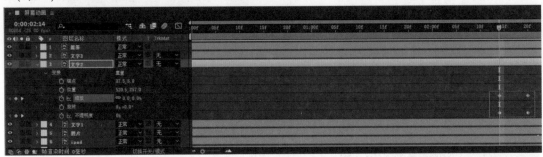

图4-72

**8** 选择"文字2"图层中的【缩放】和【不透明度】属性上的所有关键帧,执行【编辑】>【复制】命令,将【当前时间指示器】移动至0:00:02:22位置,选择"文字3"图层,执行【编辑】>【粘贴】命令,如图4-73所示。

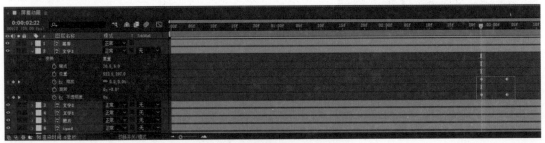

图4-73

至此,本案例制作完成,用户可以通过播放来观察动画效果。

## 4.7 综合实战:电视栏目片头动画

**素材文件:** 实例文件/第4章/综合实战/电视栏目片头动画
**效果文件:** 实例文件/第4章/综合实战/电视栏目片头动画/电视栏目片头动画.aep
**视频教学:** 多媒体教学/第4章/电视栏目片头动画.avi
**技术要点:** 关键帧动画综合实战

本案例将使用添加图层关键帧的方法制作相对复杂的动画效果,如图4-74所示。

教学视频

**1** 双击【项目】面板，导入"标题.psd"文件，将【导入种类】修改为"合成-保持图层大小"，如图4-75所示。

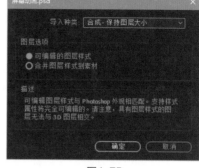

图4-74　　　　　　　　　　　　　　　　　　图4-75

**2** 双击【项目】面板中的"标题"合成，执行【合成】>【合成设置】命令，将【持续时间】修改为0:00:05:00，如图4-76所示。

**3** 双击【项目】面板，导入"鼠标.tga"文件，在弹出的【解释素材】对话框中，选择【直接-无遮罩】方式，如图4-77所示。

图4-76　　　　　　　　　　　　　　　　　　图4-77

**4** 将"鼠标.tga"素材拖曳至"标题"合成中，选择"鼠标.tga"图层，将【缩放】设置为(23,23%)，如图4-78所示。

**5** 选择"太阳"图层，按住Shift键单击"掘金"图层，将"太阳"图层至"掘金"图层全部选择，按P键展开所有图层的【位置】属性参数。将【当前时间指示器】移动至0:00:01:00位置，激活【位置】属性中的【时间变化秒表】按钮，如图4-79所示。

图4-78

**6** 将【当前时间指示器】移动至0:00:00:00位置，将"太阳"图层至"掘金"图层全部选择，按住鼠标左键拖曳至【合成】面板左侧，如图4-80所示。

**7** 执行【动画】>【关键帧辅助】>【序列图层】命令，在弹出的【序列图层】对话框中，勾选【重叠】复选框，设置【持续时间】为0:00:04:22，如图4-81所示。

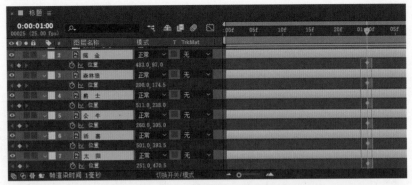

图4-79

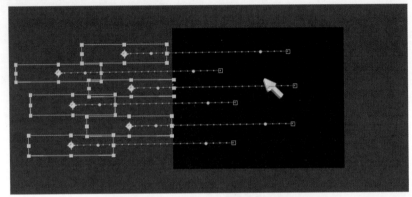

图4-80

图4-81

【持续时间】的时间长度设置根据合成的总时间长度而有所区别,在本案例中合成总时间长度为0:00:05:00。

**8** 在【项目】面板中双击鼠标左键,导入"圆圈.psd"文件,在弹出的对话框中将【导入种类】调整为"素材",在【图层选项】中选择"图层1",如图4-82所示。

**9** 将【当前时间指示器】移动至0:00:01:16位置,选择"鼠标.tga"图层,将【位置】设置为(438,346),激活【位置】属性的【时间变化秒表】按钮,如图4-83所示。

**10** 将"圆圈.psd"素材拖曳至"标题"合成中,将【当前时间指示器】移动至0:00:01:16位置,设置【位置】为(420,338),【缩放】为(0,0%),激活【缩放】属性的【时间变化秒表】按钮,如图4-84所示。

图4-82

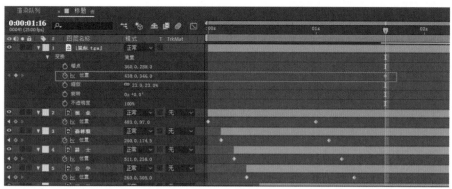

图4-83

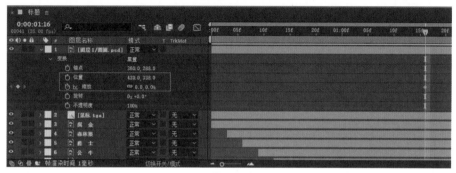

图4-84

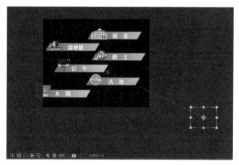

图4-85

**11** 将【当前时间指示器】移动至0:00:01:11位置，将"鼠标.tga"图层移动至【合成】面板的右侧，如图4-85所示。

**12** 将【当前时间指示器】移动至0:00:01:20位置，选择"圆圈.psd"图层，激活【不透明度】属性的【时间变化秒表】按钮，如图4-86所示。

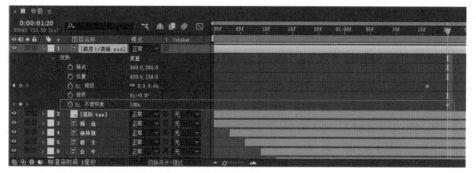

图4-86

**13** 将【当前时间指示器】移动至0:00:02:01位置，选择"圆圈.psd"图层，设置【缩放】为(475,475%)，【不透明度】为0%，如图4-87所示。

**14** 双击【项目】面板，导入"版子.psd"文件，将【导入种类】修改为"合成-保持图层大小"，如图4-88所示。

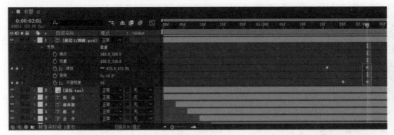

图4-87 图4-88

**15** 双击【项目】面板中的"版子"合成，进入合成的编辑面板，如图4-89所示。

**16** 将【当前时间指示器】移动至0:00:00:00位置，选择"文字"图层，激活【位置】属性的【时间变化秒表】按钮，并将"文字"图层移动至【合成】面板的上端位置，如图4-90所示。

图4-89 图4-90

**17** 将【当前时间指示器】移动至 0:00:00:07位置，选择"文字"图层，将【位置】调整为(360.5,250.5)；将【当前时间指示器】移动至0:00:00:08位置，将【位置】调整为(360.5,239.5)；将【当前时间指示器】移动至0:00:00:09位置，将【位置】调整为(360.5,250.5)，如图4-91所示。

图4-91

**18** 将【当前时间指示器】移动至0:00:00:20位置，选择"上板"图层和"下板"图层，激活【位置】属性的【时间变化秒表】按钮，如图4-92所示。

**19** 将【当前时间指示器】移动至0:00:03:12位置，选择"上板"图层，将【位置】调整为(599,37)；选择"下板"图层，将【位置】调整为(114,539)，如图4-93所示。

图4-92

**20** 将【当前时间指示器】移动至0:00:02:00位置，选择"篮球"图层，激活【位置】的【时间变化秒表】按钮，将【位置】调整为(509.5,-77)；将【当前时间指示器】移动至0:00:02:06位置，将【位置】调整为(509.5,253)；将【当前时

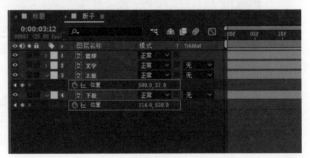

图4-93

间指示器】移动至0:00:02:10位置,将【位置】调整为(509.5,151);将【当前时间指示器】移动至0:00:02:14位置,将【位置】调整为(509.5,253);将【当前时间指示器】移动至0:00:02:17位置,将【位置】调整为(509.5,201),如图4-94所示。

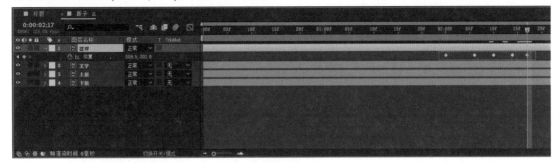

图4-94

**21** 将【当前时间指示器】移动至0:00:02:14位置,选择"篮球"图层,激活【缩放】属性的【时间变化秒表】按钮;将【当前时间指示器】移动至0:00:02:17位置,将【缩放】调整为(24,24%),如图4-95所示。

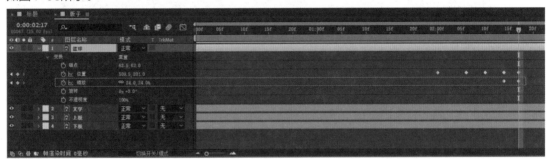

图4-95

**22** 执行【合成】>【新建合成组】命令,在【合成设置】对话框中将合成大小设置为(720×576像素),修改合成组名称为"总合成",【持续时间】为0:00:05:00,如图4-96所示。

**23** 将"版子"合成和"标题"合成拖曳至"总合成"中,如图4-97所示。

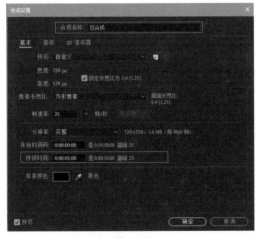

图4-96        图4-97

**24** 将【当前时间指示器】移动至0:00:02:01位置,选择"版子"合成,将合成入点时间调整至0:00:02:01位置,如图4-98所示。

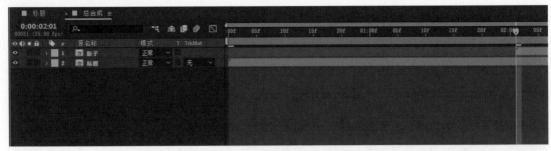

图4-98

[25] 将【当前时间指示器】移动至0:00:01:23位置，选择"标题"图层，激活【不透明度】属性的【时间变化秒表】按钮；将【当前时间指示器】移动至0:00:02:05位置，将【不透明度】调整为0%，如图4-99所示。

图4-99

[26] 双击【项目】面板，导入"背景.jpg"文件，并将文件拖曳至"总合成"中图层底部，如图4-100所示。

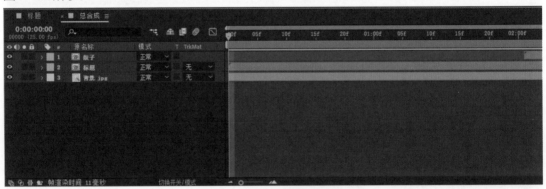

图4-100

至此，本案例制作完毕，按小键盘上的数字键0，预览最终效果。

# 第5章
# 文本动画

- 创建文本
- 编辑和调整文本
- 文本层动画制作
- 综合实战：火焰文本

在After Effects中,文本不仅仅可以作为信息传达的媒介,同时作为画面中的一种元素,越来越受到设计师的重视。在After Effects中,用户可以通过文字工具创建各种类型的文本动画效果,通过设置文本属性优化文本效果。本章将详细地介绍创建文本、编辑文本、文本动画、文本效果等方面的知识和操作。

# 5.1 创建文本

文本和图片是构成视频图像的两大要素,根据文本的不同用途,用户需要对文本进行艺术处理和加工,文本设计的质量直接影响视觉的整体效果,如图5-1所示。

## 5.1.1 创建点文本

点文本适用于输入单个词或一行字符,用户可以通过以下方式创建。

### 1. 使用文字工具创建文本

在工具栏中单击【文字工具】按钮 **T**,在弹出的下拉列表中包括【横排文字工具】和【直排文字工具】两种,如图5-2所示。

在【合成】面板中单击鼠标左键确定文本输入的位置,当出现文字光标后,即可输入文本,如图5-3所示。

在【时间轴】面板中会出现新的文本图层。文本图层的名称也随着输入文本的内容而发生改变,如图5-4所示。

### 2. 使用文本命令创建文本

执行【图层】>【新建】>【文本】命令,或使用快捷键Ctrl+Shift+Alt+T创建文本图层,如图5-5所示。此时,文字光标将出现在【合成】面板的中心位置,在【时间轴】面板中将出现文本图层,用户可以直接输入文本。

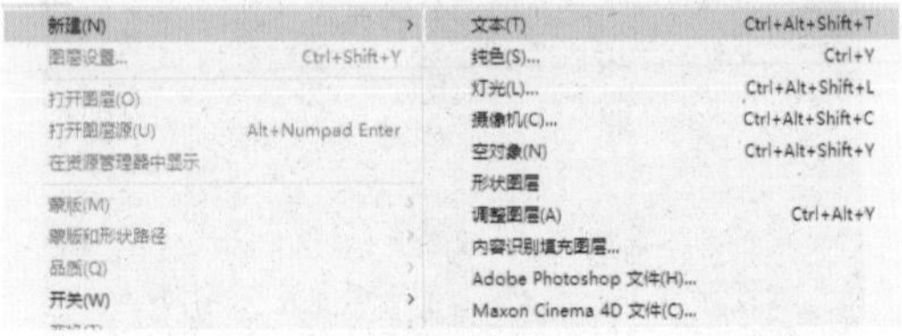

### 3. 双击文字工具创建文本

在工具栏中双击【文字工具】,在【合成】面板的中心位置出现文字光标,直接输入文本即可。

### 4. 在时间轴面板中创建文本

在【时间轴】面板的空白区域中单击鼠标右键,在弹出的菜单中选择【新建】>【文本】命令,新建文本图层,如图5-6所示。此时,文字光标将出现在【合成】面板的中心位置,直接输入文本即可。

图5-1

图5-2

图5-3

图5-4

图5-5

## 5.1.2　创建段落文本

在After Effects中，文本分为点文本和段落文本两种，使用点文本输入的文本长度会随着字符的增加而变长，不会自动换行；段落文本是把文本的显示范围控制在一定的区域内，文本基于边界的位置而自动换行，通过调整边界的大小可以控制文本的显示位置。

创建段落文本的方法与点文本不同，用户需要在工具栏中选择【文字工具】，在【合成】面板中按住鼠标左键拖曳创建矩形选框，在选框内输入文本即可，如图5-7所示。

图5-6

> ※提示※
> 按住Alt键后选择【文字工具】拖曳时，将围绕中心点定义一个定界框。

当需要在点文本和段落文本之间进行转换时，用户可以在【时间轴】面板中选择文本图层，在工具栏中选择【文字工具】，在【合成】面板中单击鼠标右键，在弹出的菜单中选择【转换为点文本】或【转换为段落文本】命令，如图5-8所示。

图5-7

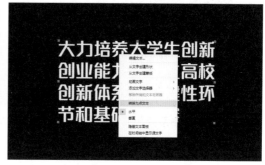

图5-8

## 5.1.3　将来自 Photoshop 的文本转换为可编辑文本

教学视频

用户可以使来自Photoshop的文本图层保持其样式，并且在After Effects中仍然是可编辑的。

【练习5-1】：转换Photoshop中的文本图层

**素材文件：** 实例文件/第5章/练习5-1

**效果文件：** 实例文件/第5章/练习5-1/转换文本.aep

**视频教学：** 多媒体教学/第5章/转换文本.avi

**技术要点：** 转换文本

**1** 双击【项目】面板，导入"文本转换.psd"素材文件，将【导入种类】设置为"合成"，如图5-9所示。

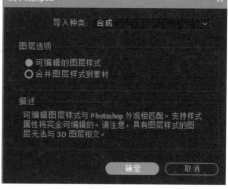

图5-9

② 双击"文本转换"合成,进入【合成】面板,如图5-10所示。

③ 在【时间轴】面板中选择"文字"图层,执行【图层】>【创建】>【转换为可编辑文字】命令,完成转换,如图5-11所示。

图5-10

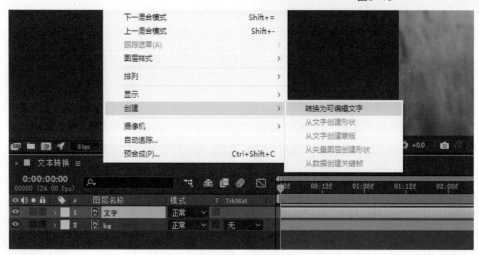

图5-11

> ※提示※
>
> 当转换为可编辑文字后,图层的图标转变为文本图层的图标样式。普通的图层不可以使用该项命令,如图5-12所示。

# 5.2 编辑和调整文本

用户可以随时调整文本图层中文本的大小、位置、颜色、内容、方向等属性。

图5-12

## 5.2.1 修改文本内容

在工具栏中选择【文字工具】,在【合成】面板中单击需要修改的文本,按住鼠标左键拖曳选择需要修改的文本范围,输入新文本,即可完成修改内容的操作,如图5-13所示。需要注意的是,只有当【文字工具】的指针位于文本图层上方时,才显示为一个编辑文本的指针。

> ※提示※
>
> 用户也可以在【时间轴】面板中双击文本图层,此时文本图层为全部选择状态,用户可以直接输入文本完成内容的全部替换,如图5-14所示。

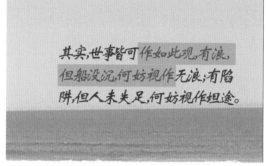

图5-13

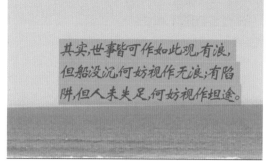

图5-14

## 5.2.2 更改文本方向

文本方向是由输入文本时所选择的【文字工具】决定的。当选择【横排文字工具】输入文本时，文本从左到右排列，多行横排文本从上往下排列；当选择【直排文字工具】输入文本时，文本从上到下排列，多行竖排文本从右往左排列。

如果需要更改文本方向，用户可以在【时间轴】面板中选择需要修改方向的文本图层，选择【文字工具】，在【合成】面板中单击鼠标右键，在弹出的菜单中选择【水平】或【垂直】命令，如图5-15所示。

图5-15

## 5.2.3 调整段落文本边界大小

在【时间轴】面板中双击文本图层，激活文本的编辑状态，在【合成】面板中将鼠标指针移动至文本边界位置四周的控制点上，当鼠标指针变为双向箭头时，按住鼠标左键进行拖曳。拖曳的同时文本的大小不变，但会改变文本的排版。

> ※提示※
>
> 按住Shift键进行拖曳时，可保持边界的比例不变。

## 5.2.4 【字符】面板和【段落】面板

After Effects有两个关于文本设置的属性面板。其中，用户可以通过【字符】面板，修改文本的字体、颜色、行间距等属性，还可以通过【段落】面板，设置文本的对齐方式、缩进等属性。

### 1. 字符面板

执行【窗口】>【字符】命令，显示【字符】面板。如果选择了需要编辑的文本图层，在【字符】面板中的设置将仅影响选定的文本；如果没有选择任何文本图层，在【字符】面板中的设置将成为下一个创建的文本图层的默认参数。【字符】面板主要包括以下选项，如图5-16所示。

**设置字体系列：**用于设置文本的字体。

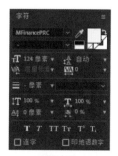

图5-16

**设置字体样式：**用于设置字体的样式。

**吸管工具** **：**单击吸管工具，吸取当前界面上的任意颜色，用于指定填充颜色或描边颜色。

**填充/描边颜色** ：单击色块，在弹出的【文本颜色】对话框中，设置文本或描边的颜色。

**设置为黑色/白色** ：单击色块，快速地将文本或描边颜色设置为黑色或白色。

**没有填充色** ：单击此图标，将不对文本或描边产生填充效果。

**设置字体大小** TT 48 像素 ：用于设置字体的大小，数值越大，字体越大。

**设置行距** ：用于设置上下文本之间的行间距。

**字偶间距** ：使用度量标准微调字距或视觉字符间距来自动微调字距。

**字符间距** ：用于设置字符之间的距离，数值越大，字符相距越大。

**描边宽度** ：用于设置文本的描边宽度，数值越大，描边越宽。

**描边方式** 在描边上填充 ∨ ：用于设置文本的描边方式，包括【在描边上填充】【在填充上描边】【全部填充在全部描边之上】【全部描边在全部填充之上】4个选项。

**垂直缩放** ：用于设置文本的垂直缩放的比例。

**水平缩放** ：用于设置文本的水平缩放的比例。

**设置基线偏移** ：正值将横排文本移到基线上面、将直排文本移到基线右侧；负值将文本移到基线下面或左侧。

**设置比例间距** ：用于指定文本的比例间距，比例间距将字符周围的空间缩减指定的百分比值。字符本身不会被拉伸或挤压。

**仿粗体** ：设置文本为粗体。

**仿斜体** ：设置文本为斜体。

**全部大写字母** ：将选中的字母全部转换为大写。

**小型大写字母** ：将所有的文本都转换为大写，但对于小写的字母使用较小的尺寸进行显示。

**上标** ：将选中的文本转换为上标。

**下标** ：将选中的文本转换为下标。

**连字：**勾选该复选框，支持字体连字。

**印地语数字：**勾选该复选框，支持印地语数字。

## 2. 段落面板

【段落】面板用于设置文本的对齐方式、缩进等。【段落】面板主要包括以下选项，如图5-17所示。

**左对齐文本** ：将文本左对齐。

**居中对齐文本** ：将文本居中对齐。

**右对齐文本** ：将文本右对齐。

**最后一行左对齐** ：将段落中的最后一行左对齐。

**最后一行居中对齐** ：将段落中的最后一行居中对齐。

**最后一行右对齐** ：将段落中的最后一行右对齐。

**两端对齐** ：将文本两端分散对齐。

**缩进左边距** ：从段落左侧开始缩进文本。

**段前添加空格** ：在段落前添加空格，用于设置段落前的间距。

**首行缩进** ：缩进首行文本。

**缩进右边距** ：从段落右侧开始缩进文本。

**段后添加空格** ：在段落后添加空格，用于设置段落后的间距。

图5-17

**从左到右的文本方向 ▶|：**文本方向从左到右。

**从右到左的文本方向 |◀：**文本方向从右到左。

---

**※提示※**

当文本排版为竖排时，【段落】面板的参数也会相应改变为竖排文本段落的参数。

---

### 【练习5-2】：修改文本属性

**素材文件：**实例文件/第5章/练习5-2

**效果文件：**实例文件/第5章/练习5-2/修改文本属性.aep

**视频教学：**多媒体教学/第5章/修改文本属性.avi

**技术要点：**修改文本属性

本练习效果如图5-18所示。

教学视频

**1** 打开项目"修改文本属性.aep"，如图5-19所示。

**2** 双击文本图层，在【字符】面板中选择合适的字体(本练习中使用的是华文隶书，用户可以根据个人要求选择)，如图5-20所示。

图5-18

图5-19

图5-20

**3** 选择【文字工具】，在文本上单击鼠标右键，在弹出的菜单中选择【垂直】命令，将文本重新调整段落并移动到合适的位置，如图5-21所示。

**4** 选择文本图层，将【位置】设置为(1092,82)。双击文本图层，设置【字体大小】为50像素，【行距】为72，【字符间距】为75，如图5-22所示。

图5-21

图5-22

**5** 在【时间轴】面板中单击鼠标右键，在弹出的菜单中选择【新建】>【纯色层】命令，设置纯色层颜色为黑色，将纯色层调整到文本图层下方，使用【椭圆工具】绘制一个蒙版，如图5-23所示。

**6** 勾选"蒙版1"中的【反转】复选框，设置【蒙版羽化】为(162,162)，【蒙版不透明度】为70%，效果如图5-24所示。

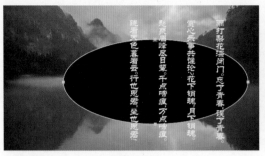

图5-23 图5-24

# 5.3 文本层动画制作

After Effects中的文本图层与其他图层一样,利用图层本身的【变换】属性组可以制作动画效果。另外,利用特有的文本动画控制器可以制作丰富多彩的文本动画效果。

## 5.3.1 源文本动画

在【时间轴】面板中选择文本图层,展开【文本】选项组,选择【源文本】选项,用户可以制作源文本动画。通过【源文本】选项,用户可以再次编辑文本内容、字体、大小、颜色等属性,并将这些变化记录下来,形成动画效果。

**【练习5-3】:源文本动画制作**

    **素材文件:** 实例文件/第5章/练习5-3

    **效果文件:** 实例文件/第5章/练习5-3/源文本动画.aep

    **视频教学:** 多媒体教学/第5章/源文本动画.avi

    **技术要点:** 源文本的使用

    本练习效果如图5-25所示。

教学视频

**1** 打开项目"源文本动画.aep",如图5-26所示。

图5-25 图5-26

**2** 执行【图层】>【新建】>【文本】命令,在【时间轴】面板中创建文本图层,输入文本"灿烂千阳",如图5-27所示。

**3** 双击文本图层,设置文本图层的【位置】为

图5-27

(302,442)，【颜色】为(R:223,G:100,B:0)，【字体大小】为194，字体根据用户需求自由选择，如图5-28所示。

**4** 在【时间轴】面板中选择"灿烂千阳"图层，展开【文本】选项组，激活【源文本】属性的【时间变化秒表】按钮，创建关键帧，如图5-29所示。

图5-28

图5-29

**5** 使用【文字工具】选择"灿"文本，将【当前时间指示器】移动至0:00:01:00位置，修改【字体大小】为226，如图5-30所示。

**6** 使用【文字工具】选择"烂"文本，将【当前时间指示器】移动至0:00:02:00位置，修改【字体大小】为226，如图5-31所示。

图5-30

图5-31

**7** 使用相同的方法完成"千阳"文本的制作，如图5-32所示。

> ※**提示**※
>
> 使用【源文本】方式制作的动画，可以模拟文本突变效果，如倒计时动画等，但不会产生过渡效果。

## 5.3.2 路径动画

在【时间轴】面板中选择文本图层，展开【路径选项】选项组，通过此选项组可以制作路径动画。

图5-32

**路径：** 当文本图层中只有文本时，【路径】选项显示为【无】，只有为文本图层添加蒙版后，才可以指定当前蒙版作为文本的路径来使用，如图5-33所示。

**反转路径：** 用于设置路径上文本的反转效果。当启用【反转路径】后，所有文本将反转。

**垂直于路径：** 用于设置文本是否垂直于路径。

**强制对齐：** 将第一个字符和路径的起点对齐，将最后一个字符和路径的结束点对齐，中间的字符均匀地排列在路径中。

**首字边距：** 用于设置第一个字符相对于路径起点的位置。

图5-33

**末字边距：** 用于设置最后一个字符相对于路径结束点的位置，只有当【强制对齐】属性激活时才有作用。

## 【练习5-4】：路径动画制作

**素材文件：** 实例文件/第5章/练习5-4

**效果文件：** 实例文件/第5章/练习5-4/路径动画.aep

**视频教学：** 多媒体教学/第5章/路径动画.avi

**技术要点：** 路径动画的制作

教学视频

本练习效果如图5-34所示。

**1** 打开项目"路径动画.aep"，如图5-35所示。

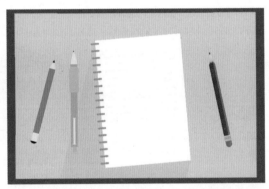

图5-34　　　　　　　　　　　　　　　　　图5-35

**2** 执行【图层】>【新建】>【文本】命令，在【时间轴】面板中创建文本图层，并输入文本"Lesson 1"，设置填充色为(R:123,G:28,B:10)，【字体大小】为81，【字体】为Arial Rounded MT Bold，【位置】为(520,369)，【旋转】为0×-4°，效果如图5-36所示。

**3** 选择"Lesson 1"文本图层，使用【钢笔工具】绘制一条路径，如图5-37所示。

图5-36　　　　　　　　　　　　　　　　　图5-37

**4** 将【当前时间指示器】移动至0:00:03:00位置，选择文本图层，将【路径】指定为"蒙版1"，激活【首字边距】【末字边距】属性的【时间变化秒表】按钮，打开【强制对齐】属性，如图5-38所示。

**5** 将【当前时间指示器】移动至0:00:02:00位置，设置【首字边距】为-1117，【末字边距】为-881，如图5-39所示。

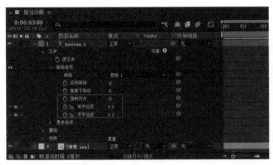

图5-38

图5-39

### 5.3.3 动画控制器

After Effects可以通过动画控制器，为文本快速地制作出复杂的动画效果。用户可以通过执行【动画】>【动画文本】命令，或是在【时间轴】面板中选择文本图层，单击【动画】按钮 动画:，在弹出的菜单中选择相应的属性命令添加动画效果，如图5-40所示。当为文本图层添加动画效果后，每个动画效果都会生成一个新的属性组，在属性组中可以包含一个或多个动画效果。

在动画控制器中，主要包括以下选项。

**启用逐字3D化：**用于将文本图层转换为三维图层。具体内容见第8章8.2.2节。

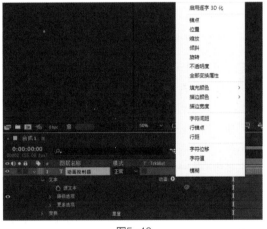

图5-40

**锚点：**用于设置文本的锚点动画。

**位置：**用于设置文本的位移动画。

**缩放：**用于设置文本的缩放动画。

**倾斜：**用于设置文本的倾斜度动画，数值越大，倾斜效果越明显。

**旋转：**用于设置文本的旋转动画。

**不透明度：**用于设置文本的不透明度动画。

**全部变换属性：**用于将所有的变换属性全部添加到动画控制器中。

**填充颜色：**用于设置文本的填充颜色变化动画，包括【RGB】【色相】【饱和度】【亮度】【不透明度】5个选项。

**描边颜色：**用于设置描边的颜色变化动画，包括【RGB】【色相】【饱和度】【亮度】【不透明度】5个选项。

**描边宽度：**用于设置描边的宽度动画。

**字符间距：**用于设置字符间距类型和字符间距大小动画。

**行锚点:** 用于设置每行文本中的跟踪对齐方式。

**行距:** 用于设置多行文本的行距变化动画。

**字符位移:** 用于设置字符的偏移量动画,按照统一的字符编码标准为选择的字符进行偏移处理。

**字符值:** 用于设置新的字符,按照字符编码标准将字符统一替换。

**模糊:** 用于文本的模糊动画效果制作,可分别设置水平和垂直方向上的模糊效果。

### 1. 范围选择器

当用户为文本图层添加动画效果后,在每个动画效果中都包含一个范围选择器。用户可以分别添加多个动画效果,这样每个动画效果都包含一个独立的范围选择器,也可以在一个范围选择器中添加多个动画效果,如图5-41所示。

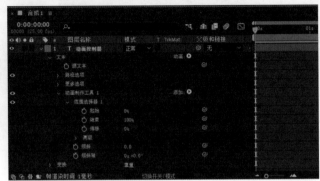

图5-41

> ※**提示**※
>
> 范围选择器可以添加到动画控制器组中,也可以从组中删除范围选择器,如果删除动画控制器组中的所有范围选择器,动画控制器属性的值将适用于所有的文本。

范围选择器可以指定动画控制器的影响范围。在基础范围选择器中,通过【起始】【结束】【偏移】选项,控制范围选择器影响的范围。

**起始:** 用于设置范围选择器的有效起始位置。

**结束:** 用于设置范围选择器的有效结束位置。

**偏移:** 用于设置范围选择器的整体偏移量。

在高级范围选择器中,主要包括以下选项。

**单位:** 用于设置范围选择器的单位,分为【百分比】和【索引】两种类型。

**依据:** 用于设置范围选择器的依据模式,分为【字符】【不包含空格的字符】【词】【行】4种模式。

**模式:** 用于设置多个范围选择器的混合模式,包括【相加】【相减】【相交】【最小值】【最大值】【差值】6种模式。

**数量:** 用于设置动画效果控制文本的程度,默认为100%,0%表示动画效果不产生任何作用。

**形状:** 用于设置选择器有效范围内文本排列的过渡方式,包括【正方形】【上斜坡】【下斜坡】【三角形】【圆形】【平滑】6种方式。

**平滑度:** 用于设置产生平滑过渡的效果,只有在【形状】类型设置为【正方形】时,该选项才存在。

**缓和高:** 用于设置从完全选择状态进入部分选择状态的更改速度。如果【缓和高】为100%,则在完全选择文本到部分选择文本时,文本将更缓慢地更改;如果【缓和高】为-100%,则在完全选择文本到部分选择文本时,文本将快速更改。

**缓和低:** 如果【缓和低】为 100%,当字符从部分选定变为未选定时,以一种更为循序渐进的方式变化;如果【缓和低】为 -100%,当字符从部分选定变为未选定时,迅速变化。

**随机顺序:** 用于设置有效范围添加在其他区域的随机性。

※技术专题 选择器的基本操作※

(1) 在【时间轴】面板中选择动画控制器组，单击 添加:▶ 选项，选择【选择器】子菜单中的【范围】【摆动】或【表达式】命令。

(2) 在【合成】面板中选择文本图层，右击文本，在弹出的菜单中选择【添加文字选择器】命令，在子菜单中选择【范围】【摆动】或【表达式】命令，如图5-42所示。

(3) 要删除选择器，直接在【时间轴】面板中选择并删除即可。

(4) 要对选择器进行重新排序，可以直接选中选择器，拖曳到合适的位置即可。

## 【练习5-5】：范围选择器动画制作

**素材文件：** 实例文件/第5章/练习5-5

**效果文件：** 实例文件/第5章/练习5-5/范围选择器动画.aep

**视频教学：** 多媒体教学/第5章/范围选择器动画.avi

**技术要点：** 范围选择器的使用

本练习效果如图5-43所示。

教学视频

图5-42

图5-43

**1** 打开项目"范围选择器动画.aep"，如图5-44所示。

**2** 执行【图层】>【新建】>【文本】命令，在【时间轴】面板中创建文本图层，并输入文本"adobe after effects"，设置填充色为(R:146,G:213,B:255)，【字体大小】为43，【字体】为Arial Rounded MT Bold，【位置】为(432,405)，效果如图5-45所示。

图5-44

图5-45

**3** 展开文本图层属性,单击【动画】选项后的
按钮,在弹出的菜单中选择【缩放】命令,将
【缩放】设置为(200,200%),单击【添加】选
项后的按钮,在弹出的菜单中选择【属性】>
【位置】命令,将【位置】设置为(25,-41),如
图5-46所示。

图5-46

**4** 将【当前时间指示器】移动至0:00:01:00
位置,激活【偏移】属性的【时间变化秒表】按
钮,参数设置为-10%,并将【结束】设置为10%,如图5-47所示。

图5-47

**5** 将【当前时间指示器】移动至0:00:03:00位
置,将【偏移】设置为100%,如图5-48所示。

### 2. 摆动选择器

摆动选择器可以让选择器产生摇摆动画效
果,包括以下选项,如图5-49所示。

**模式:**用于设置多个选择器的混合模式,包
括【相加】【相减】【相交】【最小值】【最大
值】【差值】6种模式。

**最大量/最小量:**指定与选择项相比变化的量。

**依据:**用于设置摆动选择器的依据模式,分
为【字符】【不包含空格的字符】【词】【行】4
种模式。

**摇摆/秒:**用于设置每秒产生的波动的数量。

**关联:**用于设置每个文本的变化之间的关
联。当数值为100%时,所有文本同时按同样的
幅度进行摆动;当数值为0%时,所有文本独立摆
动,互不影响。

图5-48

图5-49

**时间相位:**用于设置摆动的变化基于时间的相位大小。

**空间相位:**用于设置摆动的变化基于空间的相位大小。

**锁定维度:**用于将摆动维度的缩放比例保持一致。

**随机植入:**用于设置摆动的随机变化。

### 3. 表达式选择器

表达式选择器可以分别控制每一个文本的属
性,主要包括以下选项,如图5-50所示。

图5-50

**依据：** 用于设置表达式选择器的依据模式，分为【字符】【不包含空格的字符】【词】【行】4
种模式。

**数量：** 用于设置表达式选择器的影响程度。默认情况下，数量属性以表达式selectorValue*
textIndex/textTotal表示。

**selectorValue：** 返回前一个选择器的值。

**textIndex：** 返回字符、词或行的索引。

**textTotal：** 返回字符、词或行的总数。

### 【练习5-6】：表达式选择器动画制作

**素材文件：** 实例文件/第5章/练习5-6

**效果文件：** 实例文件/第5章/练习5-6/表达式选择器动画.aep

**视频教学：** 多媒体教学/第5章/表达式选择器动画.avi

**技术要点：** 表达式选择器的使用

本练习效果如图5-51所示。

教学视频

图5-51

**1** 打开项目"表达式选择器动画.aep"，如图5-52所示。

**2** 执行【图层】>【新建】>【文本】命令，在【时间轴】面板中创建文本图层，并输入文本
"adobe after effects"， 设置填充色为(R:255,G:255,B:255)，【字体大小】为91，【字体】为
Broadway，【位置】为(191,444)，效果如图5-53所示。

图5-52

图5-53

**3** 选择文本图层，在【时间轴】面板中单击鼠标右键，在弹出的菜单中选择【效果】>【生成】>
【四色渐变】命令，效果如图5-54所示。

**4** 选择文本图层，在【动画】选项后的 ▶ 按钮菜单中选择【不透明度】命令，将"范围选择器1"
删除，选择【添加】选项后的 ▶ 按钮菜单中的【选择器】>【摆动】命令，添加"摆动选择器1"，
如图5-55所示。

图5-54

图5-55

**5** 选择文本图层,选择【添加】选项后的
⊙按钮菜单中的【选择器】>【表达式】命
令,添加"表达式选择器1",如图5-56
所示。

**6** 展开"表达式选择器1"中的【数量】
属性,将默认表达式替换为:

图5-56

```
r_val=selectorValue[0];
if(r_val < 50)r_val=0;
if(r_val > 50)r_val=100;
r_val
```

如图5-57所示。

图5-57

**7** 将【不透明度】设置为0%,如图5-58所示。

图5-58

**8** 选择文本图层,执行【效果】>【风格化】>【发光】命令,在【效果控件】面板中,设置【发

光阈值】为53%，【发光半径】为55，【发光强度】为1.5，如图5-59所示。

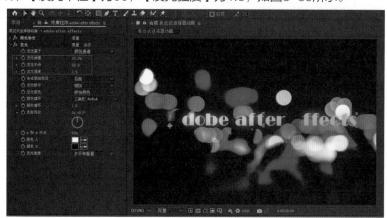

图5-59

## 5.3.4 文本动画预设

在After Effects中，系统预设了多种文本动画效果，用户可以通过直接添加动画预设快速地创建文本动画。在【效果和预设】面板中，展开【动画预设】选项，在Text子选项中，提供了大量的动画预设效果，如图5-60所示。

为文本添加动画预设效果，首先需要选择指定的文本图层，然后将动画预设直接拖曳到被选择的文本图层上即可。

图5-60

**【练习5-7】预设文本动画制作**

**素材文件：** 实例文件/第5章/练习5-7

**效果文件：** 实例文件/第5章/练习5-7/文本动画预设.aep

**视频教学：** 多媒体教学/第5章/文本动画预设.avi

**技术要点：** 预设文本动画的制作

本练习效果如图5-61所示。

教学视频

图5-61

**1** 新建合成。执行【合成】>【新建合成】命令，在【合成设置】对话框中设定合成，将其命名为"文本动画预设"，将合成大小调整为1280×720像素，设置【像素长宽比】为"方形像素"，【持续时间】为0:00:05:00，如图5-62所示。

**2** 将【当前时间指示器】移动至0:00:00:00位置，执行【图层】>【新建】>【文本】命令，在【时间轴】面板中创建文本图层，并输入文本"文本动画预设"，将文字位置和大小调整至合适大小即可，如图5-63所示。

图5-62

图5-63

**3** 在文本动画预设组中，选择【3D Text】>【3D 从右侧振动退出】效果，双击添加即可，如图5-64所示。

图5-64

## 5.4 综合实战：火焰文字

**素材文件:** 实例文件/第5章/综合实战/火焰文字
**效果文件:** 实例文件/第5章/综合实战/火焰文字/火焰文字.aep
**视频教学:** 多媒体教学/第5章/火焰文字.avi
**技术要点:** 文本图层的综合使用
本练习效果如图5-65所示。

教学视频

**1** 打开项目"火焰文字.aep"，如图5-66所示。

**2** 执行【图层】>【新建】>【文本】命令，输入"volcano"，设置【位置】为(407,434)，

图5-65

【字体】为Bernard MT Condensed，填充色为(R:255,G:0,B:0)，【字体大小】为105，【字符间距】为395，效果如图5-67所示。

图5-66

图5-67

**3** 选择文本图层，执行【效果】>【模糊和锐化】>【快速方框模糊】命令，在【效果控件】面板中，设置【模糊半径】为5，【迭代】为1，如图5-68所示。

图5-68

**4** 选择文本图层，执行【效果】>【扭曲】>【湍流置换】命令，在【效果控件】面板中，设置【数量】为100，【大小】为4，【复杂度】为5，如图5-69所示。

图5-69

**5** 将【当前时间指示器】移动至0:00:00:00位置，激活【偏移(湍流)】属性的【时间变化秒表】按钮，将【当前时间指示器】移动至0:00:04:24位置，设置【偏移(湍流)】为(360,-199)，如图5-70所示。

**6** 在【时间轴】面板中单击鼠标右键，在弹出的菜单中选择【新建】>【纯色层】命令，将纯色层重命名为"置换"。选择"置换"图层，执行【效果】>【杂色和颗粒】>【分形杂色】命令，设置【分形类型】为"动态扭转"，【对比度】为300，如图5-71所示。

图5-70

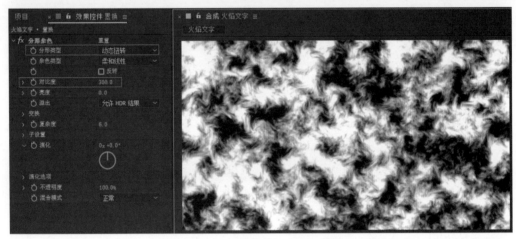

图5-71

**7** 选择"置换"图层,执行【图层】>【预合成】命令,将"置换 合成1"图层在合成中隐藏显示,如图5-72所示。

**8** 选择文本图层,执行【效果】>【扭曲】>【置换图】命令,设置【置换图层】为"置换 合成1",【最大水平置换】为0,【用于垂直置换】为"亮度",【最大垂直置换】为-13,如图5-73所示。

**9** 选择文本图层,执行【效果】>【颜色校正】>【色光】命令,在【输入相位】选项中,设置【获取相位,自】为Alpha;在【输出循环】选项中,设置【使用预设调板】为"火焰"效果,如图5-74所示。

**10** 选择文本图层,执行【效果】>【风格化】>【发光】命令,设置【发光半径】为29,【发光强度】为0.8,如图5-75所示。

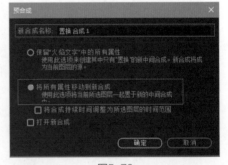

图5-72

图5-73

图5-74

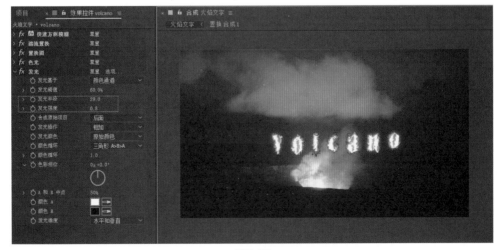

图5-75

**11** 选择文本图层，修改图层混合模式为【相加】，效果如图5-76所示。

图5-76

至此，本案例制作完毕，按小键盘上的数字键0，预览最终效果。

# 第6章
## 绘画与形状工具

- 绘画工具
- 形状图层
- 综合实战：跳动的海豚动画

# 6.1 绘画工具

绘画工具包括画笔工具 🖌️、仿制图章工具 🏷️ 和橡皮擦工具 ◈，如图6-1所示。使用绘画工具可以创建或擦除矢量图案，每个图案可以设置持续时间、【描边选项】属性和【变换】属性，用户可以在【时间轴】面板中查看和修改这些属性。

图6-1

默认情况下，每个绘制效果由创建它的工具命名，并包含一个表示其绘制顺序的数字。添加绘制效果的图层包含一个【在透明背景上绘画】选项，如果打开该选项，绘制效果将作用于透明图层，如图6-2所示。

## 6.1.1 【绘画】面板

从工具栏中选择相应的绘画工具，就可以在【绘画】面板中设置各个绘画工具的控制参数，如图6-3所示。

图6-2

※**参数详解**

**不透明度：** 用于设置画笔笔触和仿制图章的最大不透明度。对于橡皮擦工具，用于设置橡皮擦移除图层颜色的最大值。

**流量：** 用于控制画笔笔触和仿制图章的流量大小，数值越大，上色速度越快。对于橡皮擦工具，用于设置橡皮擦移除图层颜色的速度，数值越大，速度越快。

图6-3

**模式：** 设置画笔笔触和仿制图章与底层图层像素的混合模式，与图层中的混合模式相同。

**通道：** 用于设置绘画工具影响的图层通道。在选择 Alpha 时，描边仅影响不透明度。

> ※**提示**※
>
> 使用纯黑色绘制 Alpha 通道时，与橡皮擦工具的结果相同。

**时长：** 用于设置绘制效果的持续时间。

【固定】表示绘制效果从当前帧应用到图层的出点位置。

【写入】表示将根据绘制时的速度自动创建关键帧，以动画方式显示绘制的过程。

【单帧】表示绘制效果只显示在当前帧。

【自定义】表示自定义新建绘制的持续时间。

> ※**技巧**※
>
> 当绘画工具处于活动状态时，用户可以在主键盘上按1或2，将【当前时间指示器】向前或向后移动。

## 6.1.2 【画笔】面板

在【画笔】面板中，可以调节画笔的大小、角度、间距等属性参数，选择任意绘画工具，就可以激活该面板，如图6-4所示。

※**参数详解**

**直径：** 用于设置笔刷的大小，单位为像素，如图6-5所示。

图6-4

图6-5

---

※**技巧**※

在【图层】面板中，按住Ctrl键拖动笔刷可以直接调节笔刷的大小。

---

**角度：** 用于设置椭圆形笔刷在水平方向上旋转的角度，角度可以用正值或负值表示，如图6-6所示。

**圆度：** 用于设置笔刷的长轴和短轴之间的比例。圆形笔刷为100%，线性笔刷为0%，0%到100%之间的值为椭圆形笔刷，如图6-7所示。

图6-6

图6-7

**硬度：** 用于设置笔刷中心的硬度大小，从100%不透明到边缘的100%透明的过渡。数值越小，画笔的边缘透明度越高，如图6-8所示。

**间距：** 用于设置笔触之间的距离，以笔刷直径的百分比量度。取消该选项，鼠标拖动绘图的速度可以决定笔触间距的大小，如图6-9所示。

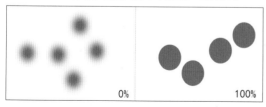

图6-8

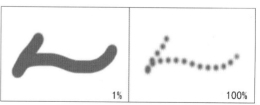

图6-9

**画笔动态：** 用于设置当使用数位板进行绘制时如何控制笔刷笔触。

※**技术专题  使用画笔工具绘画**※

【绘画】面板的前景色决定了画笔绘制的颜色，在当前图层的【图层】面板中可以显示绘制效果。

(1) 选择画笔工具，在【绘画】面板中设置画笔的颜色、透明度、流量等控制参数。单击【设置前景颜色】按钮 ，使用拾色器选择前景色，或使用【吸管工具】 从屏幕任意位置选择颜色。

※**技巧**※

使用快捷键D可以将前景颜色和背景颜色设置为黑白色，使用快捷键X可以切换前景颜色和背景颜色。

(2) 在【画笔】面板中选择预设的画笔笔触或重新设置画笔笔触控制参数。

(3) 在【时间轴】面板中双击需要进行绘制的图层，也可以在【时间轴】面板中选择需要进行绘制的图层，在【合成】面板中双击画笔工具，在当前图层的【图层】面板中进行绘制。

(4) 在当前图层的【图层】面板中，拖动画笔进行绘制，松开鼠标左键，将停止绘制。再次拖动画笔时，将进行新的绘制。连续两次按快捷键P键可以显示【绘制】属性，在【绘制】属性下将显示每次绘制的笔触效果，如图6-10所示。

※**技巧**※

在进行绘制时，按住Shift键拖动可以继续之前的笔触效果。

图6-10

## 6.1.3  仿制图章工具

仿制图章工具可以将某一位置和时间的像素复制到另一个位置和时间。仿制图章工具是从源图层中对像素进行采样，然后将采样的像素值应用于目标图层。目标图层可以是同一合成中的同一图层，也可以是其他图层，如图6-11所示。

图6-11

※**参数详解**

**预设：**仿制图章工具的预设选项，可以提高复制的效率，重复使用仿制源设置。要选择仿制预设，可以在主键盘上按 3、4、5、6 或7键，或者单击面板中的仿制预设按钮。

**源：**图章采样的源图层。

**已对齐：**勾选该复选框，复制的图像信息的采样点都与源图层的位置保持对齐，使用多个描边在已采样像素的一个副本上绘画；取消勾选该复选框，将导致采样点在描边之间保持不变，如图6-12所示。

**锁定源时间：**勾选该复选框，来源时间将被锁定，使用相同的帧复制。

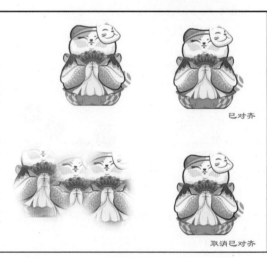

图6-12

**偏移：**采样点在源图层中的位置(x,y)。

**源时间：**源图层被采样的合成时间。仅当勾选"锁定源时间"复选框时，此参数才会出现。

**源时间转移：**用于设置采样帧和目标帧之间的时间偏移量。

**仿制源叠加：**用于设置复制画面与原始画面的混合叠加程度。

## 【练习6-1】：复制图像

教学视频

**素材文件：**实例文件/第6章/练习6-1

**效果文件：**实例文件/第6章/练习6-1/复制图像.aep

**视频教学：**多媒体教学/第6章/复制图像.avi

**技术要点：**仿制图章工具的使用

**1** 双击【项目】面板，导入"素材.jpg"，将"素材.jpg"拖曳至"新建合成"图标位置，在【合成设置】对话框中重命名合成为"复制图像"，如图6-13所示。

**2** 在【时间轴】面板中双击"素材.jpg"图层，选择仿制图章工具，调整画笔【直径】为115，在【图层】面板中按住Alt键选择合适的采样点后，按住鼠标左键进行复制操作，如图6-14所示。

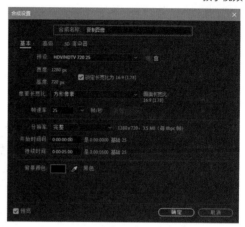

图6-13

图6-14

## 6.1.4 橡皮擦工具

橡皮擦工具不仅可以移除画笔或仿制图章工具创建的图像，也可以擦除原始图像。在【图层源和绘画】或【仅绘画】模式中使用橡皮擦工具，擦除的每一次操作都会被记录下来，可以进行修改和删除操作；在【仅最后描边】模式中使用橡皮擦工具，只影响最后一次绘制，如图6-15所示。

图6-15

# 6.2 形状图层

在After Effects中，用户可以利用形状图层创建各种复杂的形状图案，并创建丰富的动画效果。

## 6.2.1 路径

After Effects的蒙版、形状、绘画描边等都依赖于路径。矢量图是由路径构成的，一条路径由若干条线段构成，线段可以是直线或曲线。路径包括封闭路径和开放路径，通过拖动路径的顶点和每个顶点的控制手柄，可以更改路径的形状。

※技术专题 边角点和平滑点※

路径有两种顶点：边角点和平滑点。平滑点的控制手柄显示为一条直线，路径段以平滑方式显示；由于路径突然改变方向，边角点的控制手柄在不同的直线上。边角点和平滑点可以任意组合，也可以对边角点和平滑点进行切换，如图6-16所示。

当移动平滑点的控制手柄时，控制点两侧的曲线会同时调整；当移动边角点的控制手柄时，只影响相同边上的曲线，如图6-17所示。

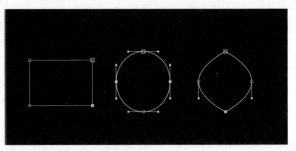

图6-16

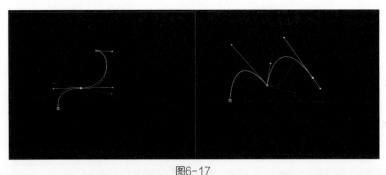

图6-17

## 6.2.2 形状工具

在After Effects中，使用形状工具不仅可以创建形状图层，而且可以创建蒙版路径。形状工具包括矩形工具、圆角矩形工具、椭圆工具、多边形工具和星形工具，其绘制方法基本相同，如图6-18所示。

图6-18

在形状工具右侧提供了两种模式，分别为【工具创建形状】和【工具创建蒙版】，如图6-19所示。

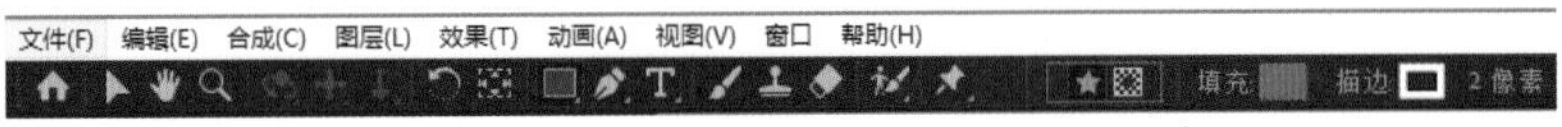
文件(F) 编辑(E) 合成(C) 图层(L) 效果(T) 动画(A) 视图(V) 窗口 帮助(H)
填充
描边
2 像素

图6-19

在未选择任何图层的情况下，使用形状工具将自动创建形状图层；如果选择的图层为固态层或普通素材图层等，将为该图层创建蒙版效果；如果选择的图层为形状图层，将为该图层继续添加形状或添加蒙版效果。默认情况下，形状由路径、描边和填充组成，在选择形状工具时，在工具栏右侧可以设置填充颜色、描边颜色和描边宽度，如图6-20所示。

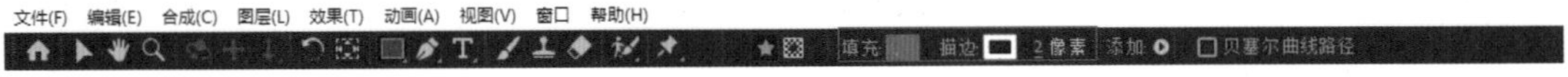
文件(F) 编辑(E) 合成(C) 图层(L) 效果(T) 动画(A) 视图(V) 窗口 帮助(H)
填充
描边
2 像素
添加
贝塞尔曲线路径

图6-20

### 1. 矩形工具

矩形工具可以绘制任意大小的矩形，单击并拖动即可绘制图形。在未选择任何图层的情况下，将自动创建形状图层，如图6-21所示。

图6-21

**※技巧※**

用户可以通过按住Shift键拖动创建正方形。如果同时按住Alt+Shift键，将以鼠标落点为中心，创建正方形。

### 2. 圆角矩形工具

圆角矩形工具可以绘制任意大小的圆角矩形，单击并拖动即可绘制图形。在未选择任何图层的情况下，将自动创建形状图层，如图6-22所示。

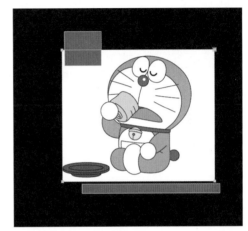

图6-22

**※提示※**

在【矩形路径】属性中的【圆整】属性可以用来调节圆角的大小，数值越大，圆角越明显。

### 3. 椭圆工具

椭圆工具可以绘制任意大小的椭圆和正圆，单击并拖动即可绘制图形。在未选择任何图层的情况下，将自动创建形状图层。使用椭圆工具创建的图形，遵循合成的像素纵横比，如果合成的像素纵横比不是1：1，则可以激活【合成】面板底部的【像素纵横比校正开关】按钮，正圆图形将显示为正圆，如图6-23所示。

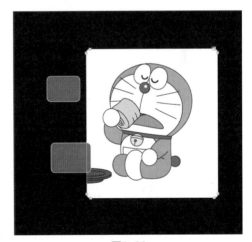

**※技巧※**

用户可以通过按住Shift键拖动创建正圆。如果同时按住Alt+Shift键，将以鼠标落点为中心，创建正圆。

**4. 多边形工具**

多边形工具可以绘制任意大小且不低于3边的多边形,单击并拖动即可绘制图形。在未选择任何图层的情况下,将自动创建形状图层,如图6-24所示。

图6-23

图6-24

**5. 星形工具**

星形工具可以绘制任意大小的星形,单击并拖动即可绘制图形。在未选择任何图层的情况下,将自动创建形状图层,如图6-25所示。

## 6.2.3 钢笔工具

钢笔工具可以绘制不规则的路径和形状,也可以在选择的形状图层上继续创建形状,还可以在未选择图层的情况下直接在【合成】面板中绘制,创建新的形状图层。钢笔工具包含4个辅助工具,分别为添加"顶点"工具、删除"顶点"工具、转换"顶点"工具和蒙版羽化工具,如图6-26所示。

在钢笔工具的属性中,勾选RotoBezier复选框,可以创建旋转的贝塞尔曲线路径。使用这种方式创建的路径,顶点的方向线和路径的弯度是自动计算的,如图6-27所示。

图6-25

图6-26

图6-27

┌─ ※**技术专题 使用钢笔工具绘制形状路径**※ ─┐

(1) 在工具栏中选择钢笔工具,在【合成】面板中放置第一个顶点的位置。

(2) 单击放置下一个顶点的位置,完成直线路径的创建。要创建弯曲的路径,可以拖动手柄以创建曲线,如图6-28所示。

※提示※

　　按住空格键，在创建某个顶点之后并且不松开鼠标之前可以重新放置该顶点的位置。最后添加的顶点将显示为一个纯色正方形，表示它处于选中状态。随着顶点的不断添加，以前添加的顶点将成为空的且被取消选择，如图6-29所示。

图6-28

图6-29

　　(3) 要闭合路径，用户可以将鼠标指针放置在第一个顶点上，并且当一个闭合的圆图标出现在鼠标指针旁边时，单击该顶点；或执行【图层】>【蒙版和形状路径】>【已关闭】命令闭合路径，如图6-30所示。要使路径保持开放状态，用户可以激活一个不同的工具，或者按F2键以取消选择该路径。

　　(4) 用户可以通过添加"顶点"工具、删除"顶点"工具、转换"顶点"工具，调整路径形态。

　　**添加"顶点"工具：**选择添加"顶点"工具，在路径中单击鼠标左键，即可在路径中添加顶点，如图6-31所示。

图6-30

图6-31

　　**删除"顶点"工具：**选择删除"顶点"工具，单击路径中的顶点，即可删除该顶点，如图6-32所示。

　　**转换"顶点"工具：**选择转换"顶点"工具，单击并拖动控制手柄，即可在边角点和平滑点之间切换，改变曲线的形态，如图6-33所示。

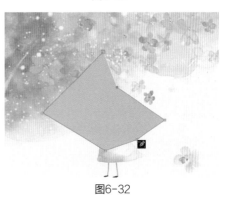

图6-32

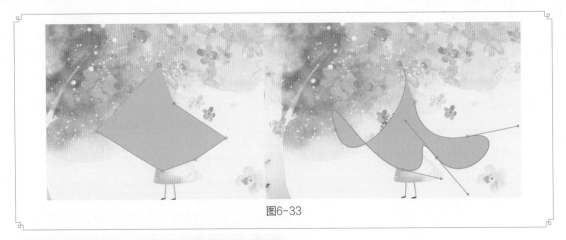

图6-33

## 6.2.4　从文本创建形状

从文本创建形状可以根据每个文字的轮廓创建形状，并将形状作为新的图层出现。在【时间轴】面板或【合成】面板中选择需要创建形状的文本图层，执行【图层】>【从文本创建形状】命令即可，如图6-34所示。

图6-34

> ※提示※
>
> 对于包含复合路径的文字(如i)，将创建多个路径并通过路径合并对其重新组合。

## 6.2.5　形状组

形状图层可以通过添加和重新排列形状属性实现更加灵活的表现效果。当用户需要创建复杂的图形时，为了对多个形状统一进行管理和编辑，用户可以通过图层属性中的【添加】功能来完成。

选择已经创建的形状图层，展开图层的属性，单击【添加】按钮，在弹出的菜单中选择【组(空)】命令，即可创建一个空白的形状组，如图6-35所示。

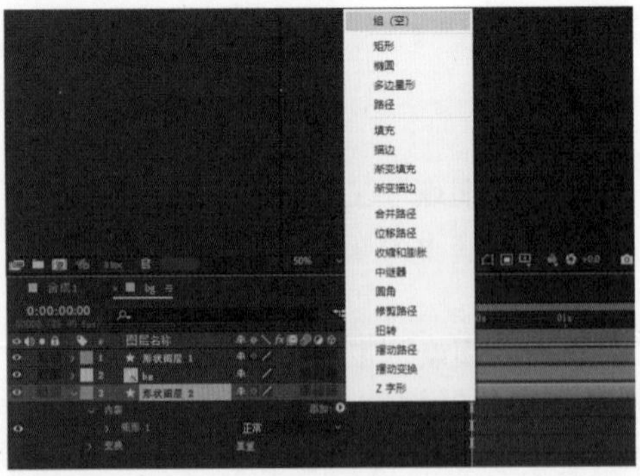

图6-35

创建完成形状组(空)后，单击【添加】按钮，即可在形状组下完成新形状的添加。或选中已经创建完成的形状，按住鼠标左键拖曳到组下即可，如图6-36所示。

※提示※

用户也可以通过执行【图层】>【组合形状】命令，或使用快捷键Ctrl+G，选择相应的形状完成群组操作。被群组的形状会增加一个新的【变换】属性，处于组中的所有形状都受到组中【变换】属性参数的影响。

图6-36

## 6.2.6　形状属性

在创建完成形状后，用户可以通过更改形状的填充颜色、描边颜色和路径变形等属性，进一步调整形状图形。

### 1. 填充和描边

单击工具栏中的【填充选项】，在弹出的【填充选项】对话框中，设置填充的类型，包括【无】【纯色】【线性渐变】【径向渐变】4种类型，如图6-37所示。

在默认情况下，填充颜色为【纯色】，用户可以单击【纯色】选项■，在弹出的【填充颜色】对话框中指定和修改填充颜色。当【填充选项】调整为【无】时，不产生填充效果。

图6-37

【线性渐变】和【径向渐变】主要用来为形状内部填充渐变颜色，当【填充选项】调整为【线性渐变】或【径向渐变】时，图形会转换为默认的黑白渐变填充方式，在【渐变编辑器】对话框中，可以更改渐变颜色和透明度属性，还可以通过添加或删除控制点精确控制渐变颜色，如图6-38所示。

用户可以在形状图层的【渐变填充】属性中，控制渐变填充的具体参数，如图6-39所示。

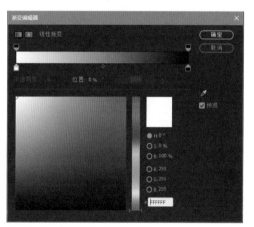

图6-38

※参数详解

**类型：** 用于设置渐变填充的类型，分为【线性】和【径向】两种。

**起始点：** 用于设置渐变颜色一端的起始位置。

**结束点：** 用于设置渐变颜色一端的结束位置。

**颜色：** 单击【编辑渐变】选项，在弹出的【渐变编辑器】对话框中，可以设置渐变的颜

图6-39

色。渐变条下方用于设置渐变的颜色，用户可以在渐变条上单击以添加颜色。渐变条上方用于设置颜色的透明度。

单击工具栏中的【描边选项】，在弹出的【描边选项】对话框中，可以设置描边的类型。描边类型的设置和填充设置基本相同，描边的宽度是以像素为单位，通过【描边宽度】选项可以调整描边的宽度。

### ※技术专题 填充规则※

　　填充是在路径内部区域中添加颜色,当图形的路径较为单一时,如矩形,确定填充区域较为简单。对于复杂的图形,当路径存在交叉时,需要确定哪些部分为填充区域。非零环绕填充类型会考虑路径方向,使用此填充规则并反转复合路径中的一个或多个路径的方向,对于创建复合路径中的孔比较有用。奇偶规则填充类型不考虑路径方向,某个点向任意方向绘制的直线穿过路径的次数为奇数,则该点被视为位于内部,否则该点被视为位于外部,如图6-40所示。

图6-40

## 2. 设置路径形状

　　用户可以在【时间轴】面板中选择形状图层,单击【添加】按钮,设置路径的变形效果,如图6-41所示。

　　※参数详解

　　**合并路径:** 当在一个形状组中添加了多个形状后,可以将形状组中的所有形状进行合并,从而形成一个新的路径对象。【路径合并】选项可以设置5种不同的模式,分别为【合并(将所有输入路径合并为单个复合路径)】【相加】【相减】【相交】【排除交集】,如图6-42所示。

图6-41

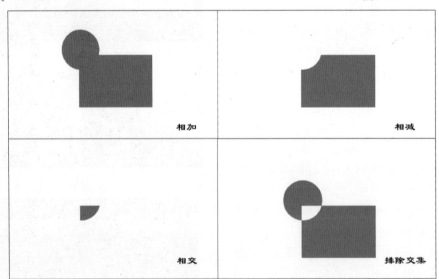

图6-42

　　**位移路径:** 通过使路径与原始路径发生位移来扩展或收缩形状。对于闭合路径,正数量值将扩展形状,负数量值将收缩形状,如图6-43所示。

　　**收缩和膨胀:** 增大数量值,形状中向外凸起的部分往内凹陷,向内凹陷的部分向外凸出,如图6-44所示。

图6-43

图6-44

**中继器：** 对选定形状进行复制操作，可以指定复制对象的变换属性和个数，如图6-45所示。

图6-45

**圆角：** 用于设置圆角的大小，数值越大，圆角效果越明显，如图6-46所示。

图6-46

**修剪路径：** 用于调整路径的显示百分比，可用于制作路径生长动画，如图6-47所示。

图6-47

**扭转：** 以形状中心为圆心对形状进行扭转操作，中心的旋转幅度比边缘的旋转幅度大。输入正值将顺时针扭转，输入负值将逆时针扭转，如图6-48所示。

图6-48

**摆动路径：** 通过将路径转换为一系列大小不等的锯齿状，随机分布(摆动)路径，如图6-49所示。

图6-49

**摆动变换：** 随机分布(摆动)路径的位置、锚点、缩放和旋转变换的任意组合。摆动变换是自动生成的动画效果，需要在摆动变换的【变换】属性中设置一个值来确定摆动的程度，即可随着时间而产生动画效果。

**Z字形：** 将路径转换为一系列统一大小的锯齿状尖峰和凹谷，如图6-50所示。

图6-50

### 【练习6-2】：卡通风景

**素材文件：** 实例文件/第6章/
练习6-2

**效果文件：** 实例文件/第6章/
练习6-2/卡通风景.aep

教学视频

**视频教学：** 多媒体教学/第6章/卡通风景.avi

**技术要点：** 形状工具的使用

**1** 新建合成，设置【合成名称】为"卡通风景"，【预设】为"HDV/HDTV 720 25"，【持续时间】为0:00:05:00，如图6-51所示。

**2** 双击多边形工具，在【时间轴】面板中修改形状属性，设置【点】为3，【外径】为70，填充颜色为纯色，数值为(R:37,G:115,B:67)，如图6-52所示。

图6-51

图6-52

**3** 选择"形状图层1"，单击【添加】按钮，在弹出的菜单中选择【中继器】命令，修改【变换：中继器1】中的【位置】为(0,37)，删除"描边1"，如图6-53所示。

**4** 选择"形状图层1"，单击【添加】按钮，在弹出的菜单中选择【Z字形】命令，修改【锯齿1】中的【大小】为2，【每段的背脊】为20，如图6-54所示。

图6-53

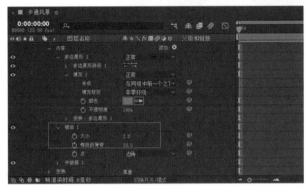

图6-54

**5** 选择"形状图层1"，重命名"多边星形1"为"树叶"，选择矩形工具，绘制"矩形1"并重命名为"树干"，将"矩形1"拖曳至底部，删除"描边1"，设置填充颜色为(R:100,G:83,B:77)，如图6-55所示。

**6** 选择"树叶"和"树干"形状，执行【编辑】>【重复】命令3次，并重新摆放形状位置，如图6-56所示。

图6-55

图6-56

**7** 选择矩形工具，在【合成】面板中拖曳绘制地面，设置填充颜色为(R:226,G:236,B:235)，删除"描边1"，重命名图层为"地面"，并放置在合成底部，如图6-57所示。

**8** 使用钢笔工具绘制不规则形状，删除"描边1"，设置填充颜色为(R:55,G:67,B:80)，重命名图层为"山"，并放置在合成底部，如图6-58所示。

图6-57

**9** 使用钢笔工具绘制不规则形状，设置填充颜色为(R:255,G:255,B:255)，重命名图层为"积雪"，并放置在"山"图层上方，如图6-59所示。

**10** 在【时间轴】面板中单击鼠标右键，在弹出的菜单中选择【新建】>【纯色】命令，修改纯色层名称为"天空"，颜色为(R:103,G:183,B:231)，并放置在合成底部，如图6-60所示。

图6-58

图6-59

图6-60

# 6.3 综合实战：跳动的海豚动画

**素材文件：**实例文件/第6章/综合实战/跳动的海豚

**效果文件：**实例文件/第6章/综合实战/跳动的海豚/跳动的海豚.aep

**视频教学：**多媒体教学/第6章

**技术要点：**形状工具的综合应用

本案例是关于形状工具应用的综合性案例，卡通风格的动画效果在动画制作中会经常出现，案例效果如图6-61所示。

图6-61

## 6.3.1 创建海豚和背景

教学视频

**1** 新建合成，设置【合成名称】为"海豚"，大小为1200×900像素，【持续时间】为0:00:10:00，【像素长宽比】为"方形像素"，【帧速率】为"25帧/秒"，如图6-62所示。

**2** 在工具栏中选择钢笔工具，绘制海豚的身体，颜色为(R:70,G:78,B:154)，描边宽度为0，如图6-63所示。

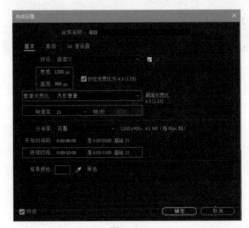

图6-62

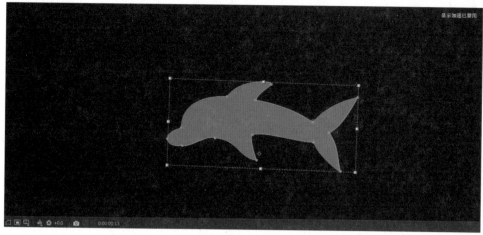

图6-63

**3** 继续使用钢笔工具绘制海豚的腹部，颜色为白色，描边宽度为0。选择椭圆工具，在海豚身体上绘制眼睛，颜色为白色，描边宽度为2。继续使用椭圆工具绘制眼珠，颜色为黑色，描边宽度为0，如图6-64所示。

图6-64

**4** 新建合成，设置【合成名称】为"运动"，大小为1200×900像素，【持续时间】为0:00:10:00，【像素长宽比】为"方形像素"，【帧速率】为"25帧/秒"，如图6-65所示。

**5** 将"海豚"合成拖曳至"运动"合成中，在工具栏中选择矩形工具，在【合成】面板中绘制一个矩形，设置【位置】为(600,494)，大小为(1390,514)，颜色为(R:25,G:216,B:254)，描边宽度为0，效果如图6-66所示。

**6** 在【时间轴】面板中选择刚刚创建的"形状图层1"，按Ctrl+D键复制一层，名为"形状图层2"，放在"形状图层1"下面，设置颜色为(R:173,G:255,B:252)，然后往上拖，如图6-67所示。

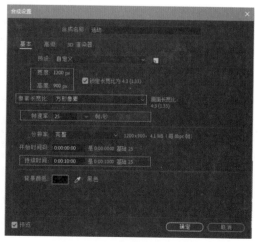

图6-65

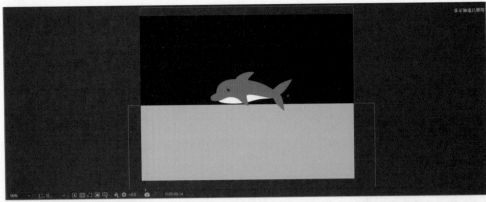

图6-66

图6-67

## 6.3.2 创建海豚跳动动画

教学视频

**1** 在"海豚"合成中选择之前使用钢笔工具绘制的"形状图层1",点开找到绘制的"身体"和"腹部",如图6-68所示。

**2** 分别点开"身体"和"腹部",找到"路径1"下面的【时间变化秒表】按钮并激活,分别在0:00:00:00、0:00:00:13和0:00:01:00处设置关键帧,如图6-69所示。

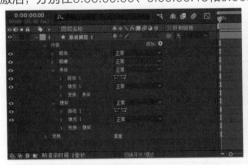

图6-68

图6-69

**3** 将【当前时间指示器】移动到0:00:00:00位置,移动海豚"身体"和"腹部"上的锚点,形状调整为海豚在水下的动作,如图6-70所示。

**4** 将【当前时间指示器】移动到0:00:01:00位置,移动海豚"身体"和"腹部"上的锚点,形状调整为海豚在水上的动作,如图6-71所示。

图6-70

图6-71

**5** 选择"形状图层1"图层，
按U键显示所有关键帧，选择
0:00:00:13位置的关键帧，将其
复制到0:00:01:13位置，同理将
0:00:00:00位置的关键帧复制到
0:00:02:00位置，制作一个循环动
画，如图6-72所示。

**6** 选择"形状图层1"图层，按
U键显示所有关键帧，选择所有的

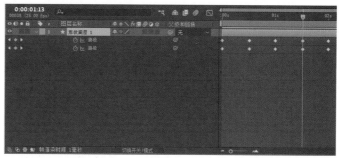

图6-72

帧，按Ctrl+C键复制，将【当前时间指示器】移动到0:00:02:00位置，按Ctrl+V键粘贴，同理在
0:00:04:00、0:00:06:00、0:00:08:00处粘贴，如图6-73所示。

图6-73

**7** 选择"运动"合成，单击"海豚"图层，将【当前时间指示器】移动到0:00:00:00位置，激活
【位置】属性的【时间变化秒表】按钮，将其调整为(600,662)，如图6-74所示。

**8** 将【当前时间指示器】移动到0:00:01:00位置，将【位置】调整为(600,218)，如图6-75所示。

图6-74　　　　　　　　　　　图6-75

**9** 选择【位置】属性上的关键帧，按Ctrl+C键复制，将【当前时间指示器】分别移动到0:00:02:00、0:00:04:00、0:00:06:00、0:00:08:00位置，按Ctrl+V键粘贴，如图6-76所示。

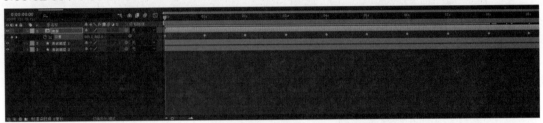

图6-76

**10** 选择"海豚"图层中【位置】属性的所有关键帧，执行【动画】>【关键帧辅助】>【缓动】命令，在【时间轴】面板中选择【图表编辑器】显示模式，在【图表编辑器】中调整曲线形态，如图6-77所示。

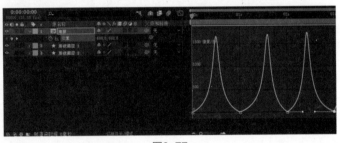

图6-77

**11** 选择"海豚"图层中的"形状图层1"，按Ctrl+Shift+C键创建一个预合成，并把名字改为"海豚1"，如图6-78所示。

**12** 选择"海豚1"图层，单击鼠标右键，在弹出的菜单中选择【时间】>【启用时间重映射】命令，如图6-79所示。

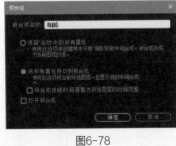

图6-78　　　　　　　　　　　图6-79

**13** 将【当前时间指示器】移动到0:00:01:00、0:00:02:00、0:00:03:00、0:00:04:00、0:00:05:00、0:00:06:00、0:00:07:00、0:00:08:00、0:00:09:00位置的关键帧，如图6-80所示。

图6-80

**14** 选择"海豚1"图层中【时间重映射】属性的所有关键帧，执行【动画】>【关键帧辅助】>【缓动】命令，在【时间轴】面板中选择【图表编辑器】显示模式，在【图表编辑器】中调整曲线形态，如图6-81所示。

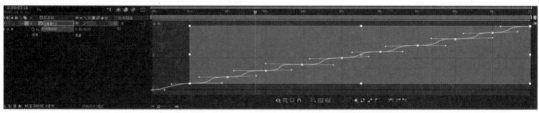

图6-81

**15** 选择"运动"合成，单击"海豚"图层，将【当前时间指示器】移动到0:00:00:00位置，激活【旋转】属性的【时间变化秒表】按钮，将【当前时间指示器】移动到0:00:00:12位置，将其调整为（0×+45°），如图6-82所示。

**16** 将【当前时间指示器】移动到0:00:01:12位置，将其调整为（0×-45°），如图6-83所示。

图6-82

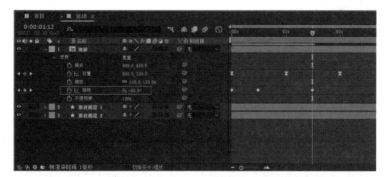

图6-83

**17** 选择【旋转】属性参数上0:00:00:12和0:00:01:12位置的关键帧，按Ctrl+C键复制，将【当前时间指示器】分别移动到0:00:02:12、0:00:04:12、0:00:06:12、0:00:08:12位置，按Ctrl+V键粘贴，如图6-84所示。

图6-84

### 6.3.3　创建水花动画

**1**　新建合成，设置【合成名称】为"出水"，大小为1200×900像素，【持续时间】为0:00:10:00，【像素长宽比】为"方形像素"，【帧速率】为"25帧/秒"，如图6-85所示。

教学视频

**2**　在工具栏中选择钢笔工具，在【合成】面板中绘制一个矩形，颜色为(R:25,G:216,B:254)，描边宽度为0。继续使用钢笔工具，在绘制的矩形上面加几个点，如图6-86所示。

图6-85

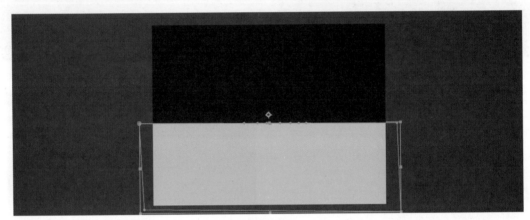

图6-86

**3**　选择"出水"合成，单击"形状图层1"图层，将【当前时间指示器】移动到0:00:00:00位置，激活【位置】属性的【时间变化秒表】按钮，将【当前时间指示器】移动到0:00:00:03位置，调整刚刚增加的锚点，如图6-87所示。

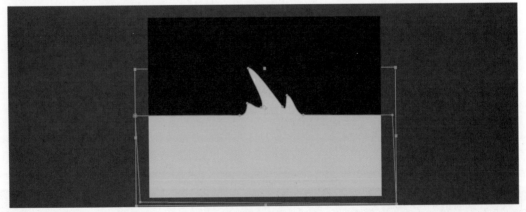

图6-87

**4**　将【当前时间指示器】移动到0:00:00:12位置，调整刚刚增加的锚点，如图6-88所示。

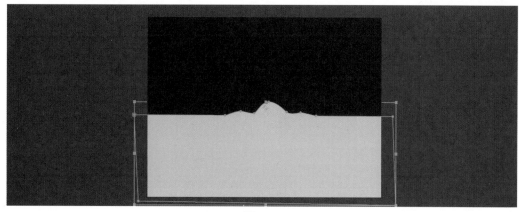

图6-88

**5** 将【当前时间指示器】移动到0:00:00:20位置，调整刚刚增加的锚点，如图6-89所示。

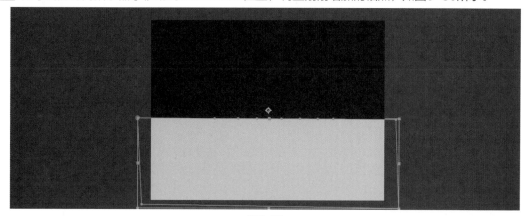

图6-89

**6** 在工具栏中选择椭圆工具，绘制一个椭圆，设置【大小】为(60,70)，【变换】的【位置】为(633,481)，【缩放】为（25.0,34.4%），【颜色】为(R:25,G:216,B:254)，【旋转】为(0×-15°)，【描边宽度】为0，如图6-90所示。

**7** 将"形状图层2"拖到从0:00:00:03位置开始，然后将【当前时间指示器】移动到0:00:00:03位置，激活【位置】【大小】【旋转】属性的【时间变化秒表】按钮，如图6-91所示。

**8** 将【当前时间指示器】移动到0:00:00:14位置，把【位置】【旋转】属性的参数分别调整为(454,286.5)(0×-88°)，如图6-92所示。

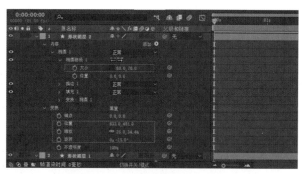

图6-90

图6-91

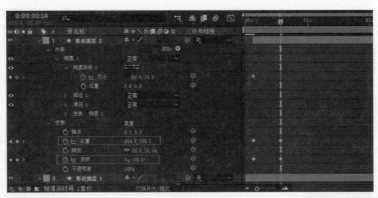

图6-92

**9** 将【当前时间指示器】移动到0:00:01:00位置，把【位置】【大小】【旋转】属性的参数分别调整为(233,474)(0,15)(0×-160°)，如图6-93所示。

图6-93

**10** 选择"形状图层2"，按Ctrl+D复制4个，分别调整它们的【位置】和【缩放】属性，让它们有一些变化，如图6-94所示。

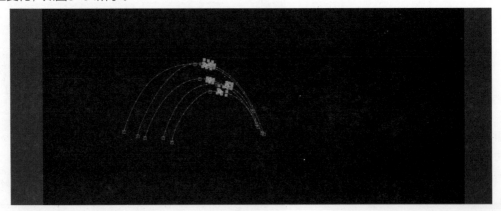

图6-94

**11** 在【项目】面板中复制"出水"合成，并把名字改为"入水"，如图6-95所示。

**12** 选择"入水"合成，在【时间轴】面板中选择"形状图层1"并按U键，然后将【当前时间指示器】移动到0:00:00:03位置，调整锚点位置，如图6-96所示。

图6-95

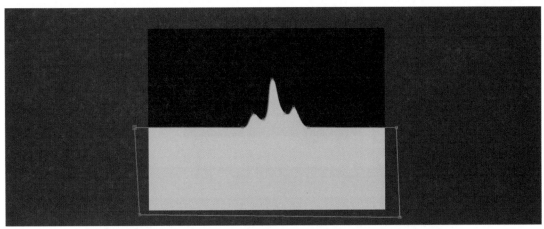

图6-96

**13** 将【当前时间指示器】移动到0:00:00:12位置，调整锚点位置，如图6-97所示。

图6-97

**14** 将【当前时间指示器】移动到0:00:00:20位置，调整锚点位置，如图6-98所示。

图6-98

**15** 选择"形状图层2""形状图层3""形状图层4""形状图层5""形状图层6"，按Ctrl+Shift+C键创建预合成，并命名为"水滴"，如图6-99所示。

**16** 选择"水滴"图层，找到【缩放】属性，将其调整为(-100,100%)，如图6-100所示。

图6-99

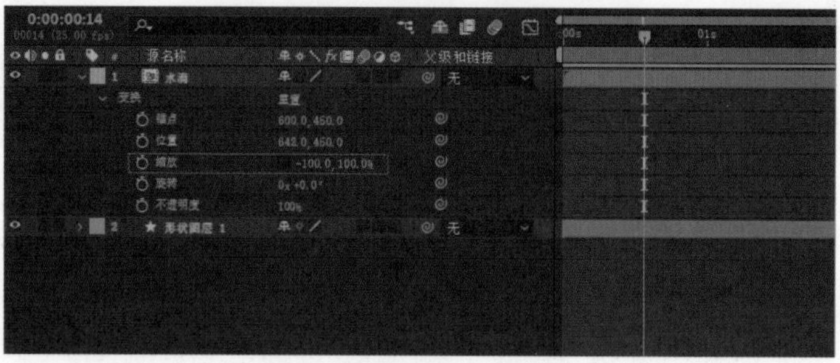

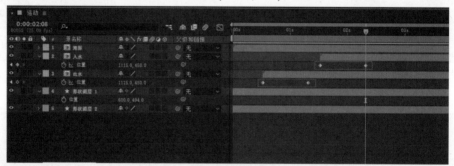

图6-100

**17** 选择"运动"合成，把"出水"和"入水"合成分别拖曳进去。选择"出水"合成，然后将【当前时间指示器】移动到0:00:00:13位置，激活【位置】属性的【时间变化秒表】按钮，将【当前时间指示器】移动到0:00:01:08位置，将其调整为(1115,450)。选择"入水"合成，然后将【当前时间指示器】移动到0:00:01:13位置，激活【位置】属性的【时间变化秒表】按钮，将【当前时间指示器】移动到0:00:02:08位置，将其调整为(1115,450)，如图6-101所示。

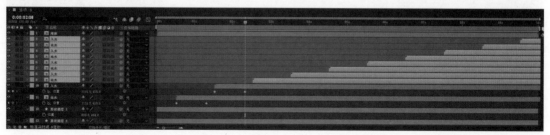

图6-101

**18** 选择"出水"和"入水"合成，按Ctrl+D键重复，然后把复制的图层移动到0:00:02:13位置，同理分别在0:00:04:13、0:00:06:13、0:00:08:13复制"出水"和"入水"合成，如图6-102所示。

图6-102

至此，本案例制作完毕，按小键盘上的数字键0，预览最终效果。

# 第7章
## 蒙版和跟踪遮罩

- 创建与设置蒙版
- 跟踪遮罩
- 综合实战：画卷动画

在After Effects中，用户经常会处理多个图像在同一合成中同时显示的情况。由于素材的来源较广，不是所有的素材都带有Alpha通道信息，所以在处理图像遮挡关系的时候，蒙版在动画合成中得到了广泛应用。蒙版可以使图像的局部显示或隐藏，还可以利用蒙版工具创建动画效果。跟踪遮罩可以将一个图层的Alpha信息或亮度信息作为另一个图层的透明度信息，在处理图像的遮挡显示中，也经常被使用到。本章主要对蒙版和跟踪遮罩的具体应用进行详细的讲解。

# 7.1 创建与设置蒙版

## 7.1.1 蒙版的概念

After Effects中的蒙版，用于控制图层的显示范围。蒙版是一个封闭的路径，在默认情况下，路径内的图像为不透明，路径以外的区域为透明；如果路径不是闭合状态，则蒙版不起作用，如图7-1所示。

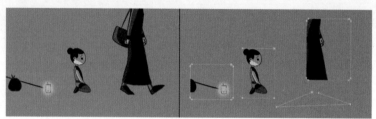

图7-1

> ※提示※
>
> 　　如果路径不是闭合状态，往往被用于其他效果动画运动所依据的路径，如路径文字动画效果等。闭合路径不仅可以作为蒙版使用，也可以作为其他效果动画的运动路径使用。

## 7.1.2 创建蒙版

创建蒙版的方式主要分为以下几种。

**1. 使用形状工具创建图层蒙版**

使用形状工具创建图层蒙版时，需要在【时间轴】面板中选择创建蒙版的图层，在工具栏中选择任意形状工具进行拖曳绘制即可，如图7-2所示。

图7-2

> ※**技术专题  创建蒙版**※
>
> 　　(1) 形状工具包括矩形工具、圆角矩形工具、椭圆工具、多边形工具和星形工具，使用快捷键Q，即可激活和循环切换形状工具。
>
> 　　(2) 选中需要创建蒙版的图层，使用形状工具双击鼠标左键，即可在当前图层中创建一个最大的蒙版。

（3）在【合成】面板中，按住Shift键，使用形状工具可以创建等比例的蒙版形状；按住Ctrl键，可以以单击鼠标左键确定的点为中心创建蒙版。

**2. 使用钢笔工具创建图层蒙版**

使用钢笔工具可以创建任意形状的蒙版，但钢笔工具所绘制的路径必须为闭合状态。使用钢笔工具创建图层蒙版时，需要在【时间轴】面板中选择创建蒙版的图层，绘制一个闭合的路径即可，如图7-3所示。

图7-3

**3. 自动追踪创建图层蒙版**

使用【自动追踪】命令可以根据图层的Alpha、红色、蓝色、绿色和明亮度信息生成一个或多个蒙版，如图7-4所示。

图7-4

在【时间轴】面板中选择需要添加蒙版的图层，执行【图层】>【自动追踪】命令，在弹出的【自动追踪】对话框中设置自动追踪参数。该命令将根据图层的信息自动生成蒙版，如图7-5所示。

图7-5

※**参数详解**

**当前帧：** 只对当前帧进行自动追踪创建蒙版。

**工作区：** 对整个工作区进行自动追踪，适用于带动画效果的图层。

**通道：** 用于设置追踪的通道类型，包括【Alpha】【红色】【绿色】【蓝色】【明亮度】。当勾选【反转】复选框时，将反转蒙版。

**模糊：** 勾选该复选框，将模糊自动追踪前的像素，对原始图像做虚化处理，使自动追踪的结果更加平滑；取消勾选该复选框，在高对比图像中得到的追踪结果更为准确。

**容差：** 用于设置判断误差和界限的范围。

**最小区域：** 设置蒙版的最小区域值，如最小区域为8，则宽高小于4×4像素将被自动删除。

**阈值：** 以百分比来确定透明区域和不透明区域，高于该阈值的区域为不透明区域，低于该阈值的区域为透明区域。

**圆角值：** 用于设置蒙版的转折处的圆滑程度，数值越高，转折处越为圆滑。

**应用到新图层：** 勾选该复选框，将把自动跟踪创建的蒙版保存到一个新固态层中。

**预览：** 勾选该复选框，预览自动追踪的结果。

**4. 新建蒙版**

在【时间轴】面板中选择需要创建蒙版的图层，执行【图层】>【蒙版】>【新建蒙版】命令，此时将创建一个与图层大小相等的矩形蒙版，如图7-6所示。

图7-6

### 5. 从第三方软件创建蒙版

用户可以从Illustrator、Photoshop中复制路径，并将其作为蒙版路径或形状路径粘贴到After Effects中。

(1) 在 Illustrator、Photoshop中，选择某个完整的路径，然后执行【编辑】>【拷贝】命令。

(2) 在After Effects中，执行以下任一操作来定义【粘贴】操作的目标。

◆ 选择任意图层，将在该图层上创建新蒙版。

◆ 要替换现有的蒙版路径或形状路径，选择其【蒙版路径】属性即可。

(3) 执行【编辑】>【粘贴】命令，效果如图7-7所示。

图7-7

## 7.1.3 编辑蒙版

创建蒙版之后，在【时间轴】面板中选择被添加蒙版的图层，展开图层属性组，将会显示【蒙版】选项组，用户可以通过设置其属性，来调整蒙版的效果，如图7-8所示。

> ※**技巧**※
>
> 选择被添加蒙版的图层，按M键可以显示图层添加的蒙版，连续按M键两次可以展开蒙版属性。

### 1. 蒙版路径

【蒙版路径】用于设置蒙版的路径范围和形状。单击【蒙版路径】右侧的【形状】选项，将弹出【蒙版形状】对话框，如图7-9所示。

图7-8                                          图7-9

在【定界框】选项区中，可以设置蒙版形状的尺寸大小；在【形状】选项区中，勾选【重置为】复选框，可以将选定的蒙版形状替换为椭圆或矩形。

### 2. 蒙版羽化

【蒙版羽化】用于设置蒙版边缘的羽化效果，这样可以对蒙版边缘进行虚化处理。羽化值越大，虚化范围越大；羽化值越小，虚化范围越小，如图7-10所示。

在默认情况下，羽化值为0，蒙版边缘不产生任何羽化效果，用户可以单击【蒙版羽化】右侧输入具体数值。此外，用户还可以通过工具栏中的蒙版羽化工具在蒙版路径上单击并拖动，手动创建蒙版羽化效果，如图7-11所示。

图7-10

### 3.蒙版不透明度

【蒙版不透明度】用于设置蒙版的不透明程度。在默认情况下，为图层添加蒙版后，蒙版中的图像为100%显示，蒙版外的图像完全不显示。用户可以单击【蒙版不透明度】右侧输入具体数值，数值越小，蒙版内的图像显示越不明显，当数值为0时，蒙版内的图像完全透明，如图7-12所示。

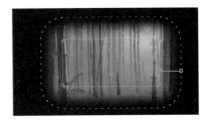

图7-11

图7-12

### 4.蒙版扩展

【蒙版扩展】用于调整蒙版的扩展程度。正值为扩展蒙版的区域，数值越大，扩展区域越多；负值为收缩蒙版的区域，数值越大，收缩的区域越多，如图7-13所示。

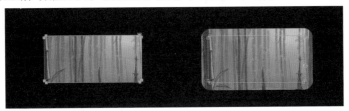

图7-13

## 7.1.4 蒙版叠加模式

当一个图层中具有多个蒙版时，通过选择叠加模式可以使蒙版之间产生叠加运算效果。在【时间轴】面板中，单击蒙版名称右侧的下拉按钮，在其下拉列表中选择相应的模式，即可调整蒙版的叠加模式。After Effects处理蒙版时是按照堆栈的顺序从上往下逐一进行处理的，因此蒙版的先后叠放顺序也是需要注意的细节，同时蒙版的叠加运算只在同一图层的蒙版之间进行，如图7-14所示。

图7-14

**无:** 选中该选项,蒙版路径将只作为路径使用,不产生局部区域显示效果,如图7-15所示。

**相加:** 选中该选项,当前图层的蒙版区域将与上面的蒙版区域进行相加处理,如图7-16所示。

图7-15

图7-16

**相减:** 选中该选项,当前图层的蒙版区域将与上面的蒙版区域进行相减处理,如图7-17所示。

**交集:** 选中该选项,只显示当前蒙版与上面的蒙版的重叠部分,其他部分将被隐藏,如图7-18所示。

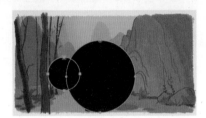

图7-17

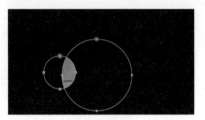

图7-18

**变亮:** 选中该选项,对于可视区域,变亮模式与相加模式相同,对于蒙版重叠处的不透明度采用不透明度较高的值,如图7-19所示。

**变暗:** 选中该选项,对于可视区域,变暗模式与交集模式相同,对于蒙版重叠处的不透明度采用不透明度较低的值,如图7-20所示。

图7-19

**差值:** 在蒙版与它上方的多个蒙版重叠的区域中,减去相互交叠的部分,如图7-21所示。

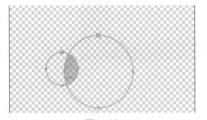

图7-20

图7-21

**【练习7-1】:探照灯**

**素材文件:** 实例文件/第7章/练习7-1

**效果文件:** 实例文件/第7章/练习7-1/探照灯.aep

**视频教学:** 多媒体教学/第7章/探照灯.avi

**技术要点:** 蒙版动画

教学视频

**1** 打开项目"探照灯.aep",如图7-22所示。

**2** 在【时间轴】面板中选择"素材.jpg"图层,执行【编辑】>【重复】命令,复制图层并重命名为"照射区域",如图7-23所示。

图7-22

图7-23

3️⃣ 在【时间轴】面板中选择"照射区域"图层，执行【效果】>【颜色校正】>【曲线】命令，在【效果控件】面板中调整曲线形态，如图7-24所示。

图7-24

4️⃣ 在【时间轴】面板中选择"照射区域"图层，使用椭圆工具绘制蒙版，如图7-25所示。

5️⃣ 选择"照射区域"图层中的"蒙版1"，在0:00:00:00位置激活【蒙版路径】前的【时间变化秒表】按钮；在0:00:01:00位置移动"蒙版1"到合成最右侧；在0:00:02:00位置移动"蒙版1"到合成上端。按照此方式，依次创建关键帧，如图7-26所示。

图7-25

图7-26

## 7.2　跟踪遮罩

　　跟踪遮罩是以一个图层的Alpha信息或亮度信息来影响另一个图层的显示状态。当为图层应用跟踪遮罩后，上层图层将取消显示，如图7-27所示。

图7-27

### 7.2.1　应用Alpha遮罩

　　选择下层的图层，执行【图层】>【跟踪遮罩】>【Alpha遮罩】命令，上一层图层的Alpha信息将作为底层图层的遮罩，如图7-28所示。

图7-28

　　选择下层的图层，执行【图层】>【跟踪遮罩】>【Alpha反转遮罩】命令，上一层图层的Alpha信息将反转并作为底层图层的遮罩，如图7-29所示。

图7-29

### 7.2.2　应用亮度遮罩

　　应用亮度遮罩时，当颜色值为纯白时，下层图层将被完全显示；当颜色值为纯黑时，下层图层将变成透明，【亮度反转遮罩】与其相反。

　　选择下层的图层，执行【图层】>【跟踪遮罩】>【亮度遮罩】命令，上一层图层的亮度信息将作为下层图层的蒙版，如图7-30所示。

图7-30

选择下层的图层，执行【图层】>【跟踪遮罩】>【亮度反转遮罩】命令，将反转上一层图层的亮度信息并作为下层图层的蒙版，如图7-31所示。

图7-31

※提示※

在【时间轴】面板中单击【切换开关/模式】按钮，可以为指定图层添加跟踪遮罩，如图7-32所示。

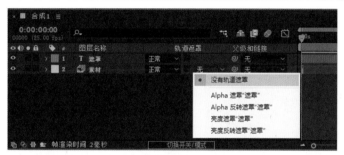

图7-32

# 7.3 综合实战：画卷动画

**素材文件：** 实例文件/第7章/综合实战/画卷动画
**效果文件：** 实例文件/第7章/综合实战/画卷动画/画卷动画.aep
**视频教学：** 多媒体教学/第7章/画卷动画.avi
**技术要点：** 蒙版工具的综合使用

教学视频

本案例使用蒙版工具完成画卷打开的动画效果，案例效果如图7-33所示。

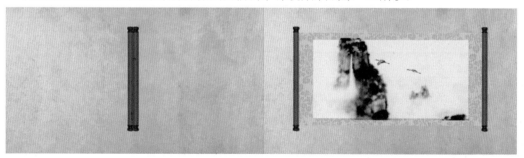

图7-33

**1** 双击【项目】面板，导入"画卷.psd"素材，将【导入种类】设置为"合成-保持图层大小"，如图7-34所示。

图7-34

**2** 在【项目】面板中双击"画卷"合成，执行【合成】>【合成设置】命令，设置【持续时间】为 0:00:05:00，【合成名称】为"画卷动画"，如图7-35所示。

**3** 双击【项目】面板，导入"水墨"序列素材，将序列素材拖曳至"画卷"合成的最顶部，如图 7-36所示。

图7-35

图7-36

**4** 在【时间轴】面板中选择"水墨"序列图层，将【混合模式】修改为"相乘"。单击鼠标右键，在弹出的菜单中【效果】>【颜色校正】>【曲线】命令，在【效果控件】面板中调整曲线形态，如图7-37所示。

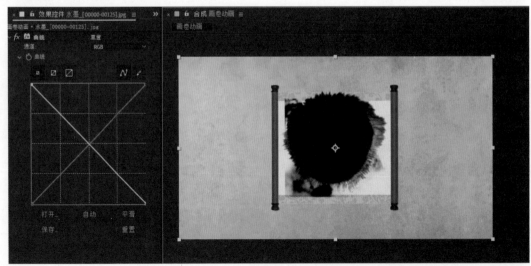

图7-37

**5** 选择"水墨"序列图层，在0:00:01:08位置激活【不透明度】属性的【时间变化秒表】按钮，在0:00:04:00位置将【透明度】设置为0%，如图7-38所示。

图7-38

**6** 选择"左轴"图层，在0:00:00:05位置将【位置】设置为(626,360.5)，激活【位置】属性的【时间变化秒表】按钮，在0:00:02:11位置将【位置】设置为(167,360.5)，如图7-39所示。

图7-39

**7** 选择"右轴"图层，在0:00:00:05位置将【位置】设置为(651,360.5)，激活【位置】属性的【时间变化秒表】按钮，在0:00:02:11位置将【位置】设置为(1108,360.5)，如图7-40所示。

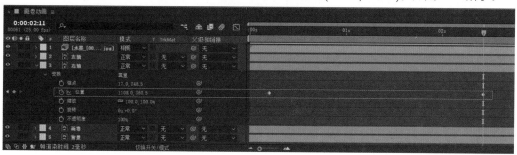

图7-40

**8** 选择"画卷"图层，在0:00:00:05位置使用矩形工具绘制蒙版，激活"蒙版1"【蒙版路径】属性的【时间变化秒表】按钮，效果如图7-41所示。

**9** 选择"画卷"图层，在0:00:02:11位置将"蒙版1"【蒙版路径】调整为"画卷"大小，如图7-42所示。

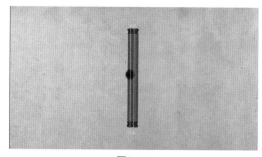

图7-41

图7-42

**10** 双击【项目】面板，导入"水墨素材.avi"文件，将"水墨素材.avi"文件拖曳至"水墨"序列素材下方，设置【缩放】为(54,54%)，【混合模式】为"相乘"，效果如图7-43所示。

**11** 选择"水墨素材.avi"图层，在0:00:00:05位置使用矩形工具绘制蒙版，激活"蒙版1"【蒙版路径】属性的【时间变化秒表】按钮，效果如图7-44所示。

图7-43

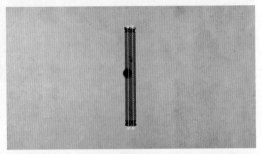
图7-44

**12** 选择"水墨素材.avi"图层，在0:00:02:11位置将"蒙版1"【蒙版路径】调整为素材大小，如图7-45所示。

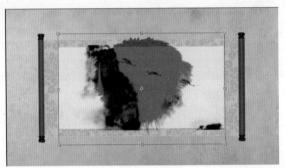
图7-45

至此，本案例制作完成，通过播放来观察动画效果。

# 第8章
## 创建三维空间动画

- 三维空间
- 三维图层
- 摄像机系统
- 灯光
- 综合实战：3D 水面

After Effects不同于传统意义上的三维图像制作软件，但依然可以让用户多角度地对场景中的物体进行观察和操作。After Effects可以将二维图层转换为三维图层，按照X轴、Y轴、Z轴的关系，创建三维空间的效果。三维图层本身也具备接受阴影、投射阴影的选项。除此之外，为了使用户能够创建一个更加真实的三维空间，软件本身还提供摄像机、灯光和光线追踪的功能。本章将详细地介绍创建三维空间的基础知识和操作。

# 8.1 三维空间

三维是指在平面二维系中又加入了一个方向向量构成的空间系。"维"是一种度量单位，在三维空间中表示方向，通过X轴、Y轴、Z轴共同确立了一个三维物体。其中，X表示左右空间，Y表示上下空间，Z表示前后空间，这样就形成了人的视觉立体感。

在专业的三维图像制作软件中，处于三维空间中的物体，用户可以通过各个角度进行观察，如图8-1所示。After Effects中的三维图层并不能独立创建，而是需要通过普通的二维图层进行转换。在After Effects中，除了音频图层以外的所有图层均能转换为三维图层。

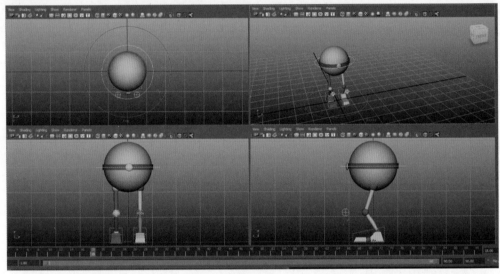

图8-1

# 8.2 三维图层

由于After Effects是基于图层的合成软件，即使将二维图层转换为三维图层，该图层依然是没有厚度信息的。在原始的图层基本属性中，将追加附加的属性，如位置Z轴、缩放Z轴等。After Effects 提供的三维图层功能虽然区别于传统的专业三维图像制作软件，但依然可以利用摄像机图层、灯光图层去模拟真实的三维空间效果，如图8-2所示。

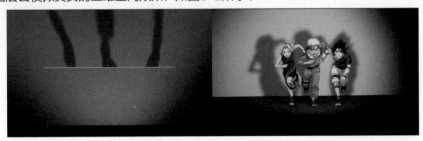

图8-2

## 8.2.1　创建三维图层

在After Effects中，将一个普通的图层转换为三维图层的方法比较简单，只需要在【时间轴】面板中，选中将要转换的图层，执行【图层】>【3D图层】命令，如图8-3所示；或者直接单击该图层右侧的"三维"图标即可，如图8-4所示。

图8-3　　　　　　　　　　　　　　　　　　　图8-4

> ※**技巧**※
>
> 用户还可以通过在二维图层上单击鼠标右键，在弹出的菜单中选择【3D图层】命令，将二维图层转换为三维图层。

此时，图层的变换属性中均加入了Z轴的参数信息。此外，还新添加了一个【材质选项】属性，如图8-5所示。

> ※**提示**※
>
> 将三维图层转换为二维图层时，将删除X轴旋转、Y轴旋转、方向、材质选项等属性，其参数、关键帧和表达式也将自动删除，且无法通过将该图层转换为三维图层来恢复。

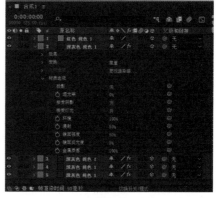

图8-5

## 8.2.2　启用逐字3D化

After Effects中的【启用逐字3D化】选项，是针对文本图层而专门设置的。After Effects中的文本图层转换为三维图层的方式有多种。一种是通过在【时间轴】面板中单击"三维"图标转换完成，这种方式是将整个文本图层作为一个整体进行转换。第二种方式是将文本图层中的每一个文字作为独立对象进行转换。

如果用户想要将文本图层的每一个文字转换为独立的三维对象，则需要在【时间轴】面板中选中文本图层，单击【文本】属性右侧的【动画】小三角按钮，在弹出的菜单中选择【启用逐字3D化】命令，即可将文字转换为独立的三维对象。此时，三维图标显示的是两个重叠的立方体，与普通的三维图层图标有所区别，如图8-6所示。

图8-6

### 8.2.3 三维坐标系统

在对三维对象进行控制的时候，用户可以根据某一轴向对物体的属性进行改变。After Effects提供了3种坐标轴系统，分别是本地轴模式、世界轴模式和视图轴模式，如图8-7所示。

文件(F) 编辑(E) 合成(C) 图层(L) 效果(T) 动画(A) 视图(V) 窗口 帮助(H)

图8-7

**本地轴模式：** 本地轴模式采用的是图层自身作为坐标系对齐的依据，将轴与三维图层的表面对齐。当选择对象与世界轴坐标不一致时，用户可以通过本地坐标的轴向调整对象的摆放位置，如图8-8所示。

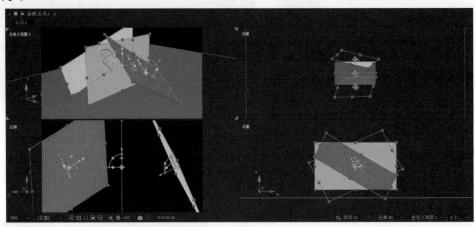

图8-8

**世界轴模式：** 它对齐于合成空间中的绝对坐标系，不管怎么旋转三维图层，它的坐标轴始终是固定的，轴始终相对于三维世界的三维空间，如图8-9所示。

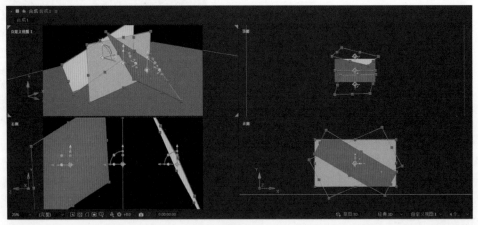

图8-9

**视图轴模式：** 将轴对齐于用户用于观察和操作的视图。例如在自定义视图中对一个三维图层进行旋转操作，并且后来还对该三维图层进行各种变换操作，但它的轴向最终还是垂直对应于用户的视图，如图8-10所示。

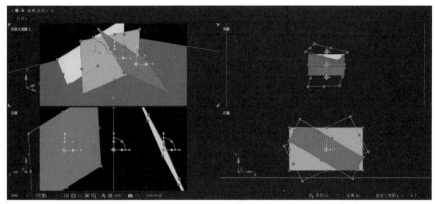

图8-10

※技术专题 显示或隐藏3D参考坐标※

　　3D轴是用不同颜色标记的箭头：X为红色、Y为绿色、Z为蓝色。

　　要显示或隐藏3D轴、摄像机和光照线框图标、图层手柄以及目标点，可执行【视图】>【显示图层控件】命令。在【合成】面板中选择【视图选项】命令，在弹出的对话框中可以进行视图的显示设置，如图8-11所示。

　　如果想要永久显示三维空间的三维坐标系，用户可以通过单击【合成】面板中的图标，在弹出的下拉列表中选中【3D参考轴】选项，设置3D参考坐标一直处于显示状态，如图8-12所示。

图8-11

图8-12

## 8.2.4 三维视图操作

　　为了更好地观察三维图层在空间中的效果，确定图层在三维空间中的位置，After Effects可以通过调整视图选项和多窗口编辑的模式来实现，这种操作方式与专业的三维图像软件的工作方式基本一致。

### 1. 视图选项

　　在【合成】面板中，单击底部的【3D视图】选项，在弹出的下拉列表中可以调整用户的观察角度，如图8-13所示。

图8-13

　　After Effects一共为用户提供了【活动摄像机(默认)】【默认】【正面】【左侧】【顶部】【背面】【右侧】【底部】【自定义视图1】【自定义视图 2】【自定义视图 3】【基于3D视图生成摄像机】【重置默认摄像机】【默认摄像机设置】14个选项。其中，当用户选中【自定义视图 1、2、3】选项时，视图将会按照软件默认的3个不同角度进行显示，如图8-14所示。

图8-14

　　※提示※

　　【活动摄像机】视图需要用户创建摄像机图层后，才可以进行编辑。

**2. 多视图编辑**

在三维空间中，多视图的编辑操作是经常使用到的。在【合成】面板底部的多视图编辑选项中，单击默认设置的【1个视图】选项，在弹出的下拉列表中为用户提供了3个选项，用户可以通过单击任意视图选项来切换不同的视图观察模式，如图8-15所示。

图8-15

## 8.2.5 调整三维图层参数

当二维图层转换为三维图层后，在【变换】属性组中，【锚点】【位置】【缩放】属性中加入了Z轴参数的设置，Z轴参数的设定能够确立图层在空间中纵深方向上的位置。同时，新增了【方向】及【X轴旋转】【Y轴旋转】【Z轴旋转】的控制参数。

**1. 设置锚点**

图层的旋转、位移和缩放，是基于一个点来操作的，这个点就是锚点，用户可以通过快捷键A来快速开始【锚点】参数的设置。除了通过更改【锚点】参数调整中心点的位置，还可以通过工具栏中的锚点工具来实现。

选择工具栏中的锚点工具，将鼠标指针放置在3D轴控件上，用户可以单独地对某一轴向(X轴、Y轴、Z轴)进行移动，也可以将鼠标指针放置在3D轴控件的中心位置，对3个轴向同时进行调整，被调整的对象本身的显示位置并不会发生改变。

**2. 设置位置与缩放**

在【时间轴】面板中展开【变换】属性组，在【位置】属性中通过改变Z轴参数，能够调整对象在三维空间中纵深方向上的位置。其中，绿色箭头代表Y轴，红色箭头代表X轴，蓝色箭头代表Z轴。

在【缩放】属性中同样加入了Z轴的参数设置，但是由于After Effects中的三维图层是由二维图层转换而来，在默认情况下图层本身是不具有厚度的，所以在【缩放】属性中调整Z轴的参数，图像本身在厚度上并没有发生任何改变。

**3. 设置方向与旋转**

在【方向】属性中可以分别对X轴、Y轴、Z轴方向进行旋转。在【旋转】属性中X轴、Y轴、Z轴的旋转参数加入了圈数的设置，用户可以直接通过设定圈数来快速地完成大角度的图像旋转操作。以上两种方式均可以完成三维对象在不同方向上的角度调整。

※**提示**※

使用【方向】或【旋转】进行三维图层的旋转操作时，都是以图层的锚点作为中心点进行的。由于【旋转】属性中的圈数是以360°为一圈，在默认情况下用户需要通过设置关键帧动画的方式才能查看旋转效果。

※**技巧**※

在【合成】面板中，拖动3D轴控制手柄，按住Shift键拖动旋转，即可将旋转角度限制为45°增量。

## 【练习8-1】：画册动画

**素材文件：** 实例文件/第8章/练习8-1
**效果文件：** 实例文件/第8章/练习8-1/画册动画.aep
**视频教学：** 多媒体教学/第8章/画册动画.avi
**技术要点：** 三维图层基础命令的使用

本练习的画册动画效果如图8-16所示。

图8-16

**1** 新建合成。执行【合成】>【新建合成】命令，在【合成设置】对话框中设置【合成名称】为"画册动画"，【预设】为"HDV/HDTV 720 25"，【持续时间】为0:00:05:00，如图8-17所示。

**2** 双击【项目】面板，依次导入"素材1.jpg"至"素材6.jpg"图片素材并拖曳至【时间轴】面板中，如图8-18所示。

**3** 将所有的图层全部转换为三维图层，如图8-19所示。

图8-17

图8-18　　　　　　　　　　　　图8-19

**4** 将所有图层的【锚点】设置为(410,136.5,0)，如图8-20所示。

**5** 将【当前时间指示器】移动至0:00:00:00位置，选择所有图层，激活【Y轴旋转】属性的【时间变化秒表】按钮，如图8-21所示。

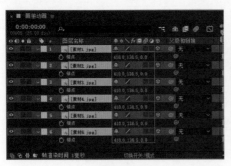
图8-20

图8-21

　　使用【方向】属性制作关键帧动画时，指定的是旋转方位的起点和终点数值，可以产生更加平滑的旋转过渡效果；使用【旋转】属性制作关键帧动画时，分别设置的是各个角度的旋转数值，可以更为精确地控制旋转的过程。

**6** 将【当前时间指示器】移动至0:00:02:00位置，选择所有图层，设置【Y轴旋转】为0×–180°，如图8-22所示。

图8-22

**7** 单击"素材6.jpg"，按住Shift键的同时单击"素材1.jpg"，从下至上选中素材，执行【动画】>【关键帧辅助】>【序列图层】命令，勾选【重叠】复选框，将【持续时间】调整为0:00:04:15，单击【确定】按钮，如图8-23所示。

**8** 在【时间轴】面板中单击鼠标右键，执行【新建】>【纯色】命令，设置固态层【名称】为"封底"，【大小】为820×273像素，【颜色】为"白色"，如图8-24所示。

图8-23

图8-24

**9** 选择"封底"图层，移动至合成的最底端位置，如图8-25所示。

**10** 双击【项目】面板，导入"背景.jpg"素材并移动至合成的最底端位置，效果如图8-26所示。

图8-25

图8-26

## 8.2.6　三维图层的材质属性

二维图层转换为三维图层后，同时添加了一个新的【材质选项】属性。该属性可以为图层设置投影、透光率、是否接受灯光等参数，如图8-27所示。

**投影：** 决定三维图层是否投射阴影，主要包括3种类型。在默认情况下是【关】，表示图层不投射阴影。【开】表示投射阴影，【仅】表示只显示阴影，原始图层将被隐藏。

**透光率：** 设置图层经过光照后的透明程度，用于表现半透明图层在灯光下的照

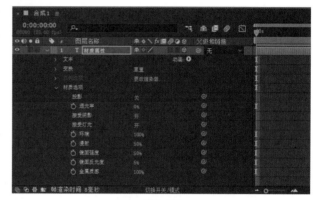

图8-27

射效果，主要体现在投影上。透光率默认情况下为0%，代表投影颜色不受图层本身颜色的影响，透光率越高，影响越大。当透光率为100%时，阴影颜色受到图层本身影响最大。

**接受阴影：** 设置图层本身是否接受其他图层阴影的投射影响，共有【开】【只有阴影】【关闭】3种模式。【开】表示接受其他图层的投影影响，【只有阴影】表示只显示受影响的部分，【关闭】表示不受其他图层的投影影响。在默认情况下为开。

**接受灯光：** 设置图层是否接受灯光的影响。【开】表示图层接受灯光的影响，图层的受光面会受灯光强度、角度及灯光颜色等参数的影响。【关】表示图层只显示自身的默认材质，不受灯光照射的影响。

**环境：** 设置图层受环境光影响的程度。此参数在三维空间中设置有环境光的时候才产生效果。在默认情况下为100%，表示受环境光的影响最大；当参数为0%的时候，不受环境光的影响。

**漫射：** 设置漫反射的程度，在默认情况下为50%。数值越大，反射光线的能力越强。

**镜面强度：** 调整图层镜面反射的程度，数值越高，反射程度越高，高光效果越明显。

**镜面反光度：** 设置图层镜面反射的区域，用于控制高光点的光泽度，其数值越小，镜面反射的区域就越大。

**金属质感：** 用于控制图层的光泽感。数值越小，受灯光影响强度越高；数值越大，越接近于图层的本身颜色。

╭─ ※提示※ ─────────────────────────────────────

　三维图层的材质属性是与灯光系统配合使用的，当场景中不含有灯光图层时，材质属性不起作用。

╰─────────────────────────────────────────

# 8.3　摄像机系统

　　用户可以像现实世界中一样，使用摄像机图层从任何角度和距离观察三维空间中的图像；还可以设置摄像机的参数信息并记录下来，从而为其添加动画效果。

## 8.3.1　新建摄像机

　　当需要为合成添加摄像机时，用户可以执行【图层】>【新建】>【摄像机】命令，如图8-28所示。用户也可以在【时间轴】面板的空白区域单击鼠标右键，在弹出的菜单中选择【新建】>【摄像机】命令，来完成摄像机图层的创建。

图8-28

> ※提示※
>
> 　　如果在场景中创建了多个摄像机图层，那么可以在【合成】面板中将视图设置为【活动摄像机】，通过多个角度进行视图的观察和显示。【活动摄像机】视图显示的是【时间轴】面板中位于最上层的摄像机图层显示的角度。

## 8.3.2　摄像机的属性设置

　　在创建摄像机图层时，会弹出【摄像机设置】对话框，通过该对话框可以对摄像机的基本属性进行设置，如图8-29所示。

> ※提示※
>
> 　　用户也可以在【时间轴】面板中双击摄像机图层，或选择摄像机图层，执行【图层】>【摄像机设置】命令，进行摄像机属性的设置。

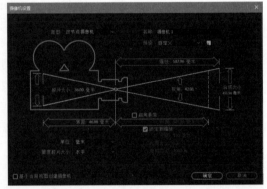

图8-29

　　**类型：**包括单节点摄像机和双节点摄像机。双节点摄像机具有目标点参数，摄像机的拍摄方向由目标点决定，摄像机本身围绕目标点定向；单节点摄像机无目标点，由摄像机本身的位置参数和角度决定拍摄方向，如图8-30所示。

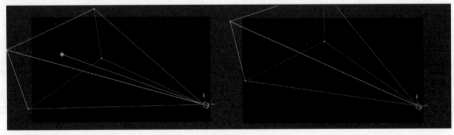

图8-30

　　**名称：**用于设置摄像机的名字。

　　**预设：**提供了9种常用的摄像机设置参数，根据焦距区分。用户可以根据需要直接选择使用，图8-31为不同焦距的显示效果。

广角镜头的焦距短于标准镜头，视角大于标准镜头。从某一点观察的范围比正常的人眼在同一视点看到的范围更为广泛。

长焦镜头的焦距长于标准镜头，视角小于标准镜头。在同一距离上能拍出比标准镜头更大的影像，所以拍摄的影像空间范围较小，更适合于拍摄远处的对象。

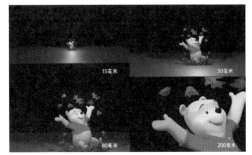

图8-31

**缩放：** 从镜头到图像平面的距离。

**胶片大小：** 用于设置胶片的曝光区域的大小，与合成设置的大小相关。

**视角：** 在图像中捕获的场景的宽度，也就是摄像机实际观察到的范围，由焦距、胶片大小和变焦3个参数来确定视角的大小。

**启用景深：** 勾选该复选框，表示将启用景深效果。

**焦距：** 从摄像机到图像最清晰位置的距离。

**锁定到缩放：** 勾选该复选框，可以使焦距值与变焦值匹配。

**光圈：** 用于设置镜头孔径的大小，数值越大，景深效果越明显，模糊程度越高。

**光圈大小：** 表示焦距与孔径的比例。光圈值与孔径成反比，孔径值越大，光圈值越小。

※ 提示 ※

在真实摄像机中，增大光圈数值会允许进入更多的光，这会影响曝光度，在After Effects中忽略了此光圈值更改的结果。

**模糊层次：** 用于设置景深模糊的程度。数值越大，景深效果越明显，降低值可减少模糊程度。

**单位：** 摄像机设置时所采用的测量单位，包括像素、英寸和毫米。

**量度胶片大小：** 用于描述胶片大小的尺寸，包括水平、垂直和对角。

## 8.3.3　设置摄像机运动

在使用真实的摄像机进行拍摄时，经常会使用到一些运动镜头来增加画面的动感，常见的运动镜头有推、拉、摇、移，当在合成中创建了三维图层和摄像机后，就可以使用摄像机移动工具进行模拟操作。

**推镜头：** 推镜头是在视频制作中经常使用到的方法之一，使摄像机镜头与画面逐渐靠近，画面内的景物逐渐放大，使观众的视线从整体看到某一局部。After Effects有两种方法可以实现推镜头的效果，一种是通过改变摄像机图层的Z轴参数来完成，使摄像机向被拍摄物体移动，从而达到主体物被放大的效果；另一种是保持摄像机的位置参数不变，通过修改摄像机选项中的缩放参数来实现推镜头效果，这种方式保证了摄像机与被拍摄物体之间的位置不变动，但会造成画面的透视关系的变化。

**拉镜头：** 摄像机拍摄时通过向后移动，逐渐远离被摄主体，画面就从一个局部逐渐扩展，景别逐渐扩大，观众视点后移，看到局部和整体之间的联系。拉镜头的操作方法与推镜头正好相反。

**摇镜头：** 当不能在单个静止画面中包含所要拍摄的对象，或拍摄的对象是运动的，用户可以通过保持摄像机的机位不动，变动摄像机镜头轴线的方法来实现。After Effects可以通过移动摄像机的目标兴趣点来模拟摇镜头的效果。

**移镜头：** 当在水平方向和垂直方向上按照一定的运动轨迹进行拍摄时，机位发生变化，边移边拍摄的方法被称为移镜头。

　　在工具栏中单击摄像机工具,在弹出的下拉列表中是常用的摄像机操作工具,如图8-32所示。用户也可以通过按住键盘上的C键循环切换摄像机图层的控制工具。

图8-32

　　**轨道控件:**包括【绕光标旋转工具】【绕场景旋转工具】【绕相机信息点旋转】3个选项。【绕光标旋转工具】是默认设置,是绕光标点击位置移动摄像机,右侧有3个选项分别为【自由形式】【水平约束】【垂直约束】;【绕场景旋转工具】是绕合成中心移动摄像机;【绕相机信息点旋转】是绕双节点摄像机的目标点(POI,Point of Interest)移动摄像机。

　　**平移控件:**包括【在光标下移动工具】和【平移摄像机 POI 工具】两个选项。【在光标下移动工具】摄像机将根据光标位置进行平移,平移速度相对光标点击位置发生变化。【平移摄像机 POI工具】将平移摄像机的目标点来移动摄像机,平移速度相对于摄像机的目标点保持恒定。

　　**推拉控件:**包括【向光标方向推拉镜头工具】【推拉至光标工具】【推拉至摄像机 POI 工具】3个选项。【向光标方向推拉镜头工具】将镜头从合成中心推向光标点击位置,以光标移动方向来前后推拉镜头。目标点不变,摄像机位置会变化;【推拉至光标工具】针对光标点击位置推拉镜头;【推拉至摄像机POI工具】针对摄像机目标点推拉镜头。

# 8.4　灯光

　　灯光图层配合三维图层的材质属性,可以影响三维图层的表面颜色。用户可以为三维图层添加灯光照明效果,模拟更加真实的自然环境。

## 8.4.1　创建灯光

　　当需要为合成添加灯光照明时,用户可以执行【图层】>【新建】>【灯光】命令,如图8-33所示。用户也可以在【时间轴】面板的空白区域单击鼠标右键,在弹出的菜单中选择【新建】>【灯光】命令,来完成灯光图层的创建。

图8-33

> ※提示※
>
> 　　在【时间轴】面板中双击灯光图层,或选择灯光图层,执行【图层】>【灯光设置】命令,可以修改灯光设置。

## 8.4.2　灯光属性

　　在【灯光设置】对话框中,可以设置灯光的类型、强度等参数,如图8-34所示。

　　**名称:**设置灯光的名称。

　　**灯光类型:**设置灯光的类型,包括【平行光】【点光】【聚光灯】【环境光】4种类型。

　　平行光:平行光可以理解为太阳光,光照范围无限,可照亮场景中的任何地方,且光照强度无衰减,如图8-35所示。

　　点光:点光源从一个点向四周360°发射光线,类似于裸露的灯泡的

图8-34

照射效果，被照射物体会随着距离发光点的位置而产生衰减效果，如图8-36所示。

| 图8-35 | 图8-36 |

聚光灯：聚光灯类似于手电筒所发射的圆锥形的光线，光线具有明显的方向性，根据圆锥的角度确定照射范围，可通过圆锥角度调整范围，这种光容易生成有光区域和无光区域，如图8-37所示。

环境光：有助于提高场景的总体亮度，且不投影的光照，没有方向性，如图8-38所示。

| 图8-37 | 图8-38 |

**颜色：**设置灯光的颜色。

**强度：**设置灯光的强度，数值越大，强度越高。

---

**※提示※**

如果将【强度】设置为负值，灯光不会产生光照效果，并且会吸收场景中的亮度。

---

**锥形角度：**用于设置圆锥的角度，当灯光为聚光灯时此项激活，用于控制光照范围。

**锥形羽化：**用于设置聚光灯光照的边缘柔化，一般与锥形角度配合使用，为聚光灯照射区域和不照射区域的边界设置柔和的过渡效果。羽化值越大，边缘越柔和。

**衰减：**用于设置除环境光以外的灯光衰减，包括【无】【平滑】【反向平方限制】3个选项。其中，【无】表示灯光在发射过程中不产生任何衰减，【平滑】表示从衰减距离开始平滑线性衰减至无任何灯光效果，【反向平方限制】表示从衰减位置开始按照比例减少直至无任何灯光效果。

**半径：**用于设置光照衰减的半径。在指定距离内，灯光不产生任何衰减。

**衰减距离：**用于设置光照衰减的距离。

**投影：**用于设置灯光是否投射阴影。需要注意的是，只有被灯光照射的三维图层的材质属性中的投射阴影选项同时打开时才可以产生投影。

**阴影深度：**用于设置阴影的浓度，数值越高，阴影效果越明显。

**阴影扩散：**用于设置阴影边缘的羽化程度，数值越高，边缘越柔和。

## 8.5　综合实战：3D 水面

**素材文件：** 实例文件/第8章/综合实战/3D水面

**效果文件：** 实例文件/第8章/综合实战/3D水面/3D水面.aep

**视频教学：** 多媒体教学/第8章/3D水面.avi

**技术要点：** 三维图层的综合使用

本案例的水面效果如图8-39所示。

图8-39

**1** 新建合成。执行【合成】>【新建合成】命令，在【合成设置】对话框中设置【合成名称】为"3D水面"，【合成大小】为720×576像素，【像素长宽比】为"方形像素"，【持续时间】为0:00:05:00，如图8-40所示。

**2** 双击【项目】面板，导入"素材.jpg"文件并拖曳至合成，修改【位置】为(363,165)，【缩放】为(47,47%)，效果如图8-41所示。

**3** 选择"素材"图层，执行【编辑】>【重复】命令，复制图层，并将复制图层重命名为"倒影"，修改【位置】为(363,497)，【缩放】为(47,-47%)，如图8-42所示。

图8-40

图8-41

图8-42

**4** 在【时间轴】面板中单击鼠标右键，在弹出的菜单中选择【新建】>【纯色】命令，创建纯色层，设置【颜色】为"白色"，【名称】为"波纹"，【大小】为1500×1500像素，如图8-43所示。

**5** 选择"波纹"图层，单击鼠标右键，在弹出的菜单中选择【效果】>【杂色和颗粒】>【分形杂色】命令，效果如图8-44所示。

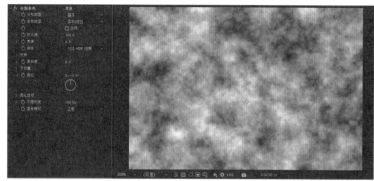

图8-43　　　　　　　　　　　　　　　图8-44

**6** 选择"波纹"图层，单击鼠标右键，在弹出的菜单中选择【效果】>【模糊和锐化】>【快速方框模糊】命令，将【快速方框模糊】效果中的【模糊半径】设置为20，勾选【重复边缘像素】复选框，如图8-45所示。

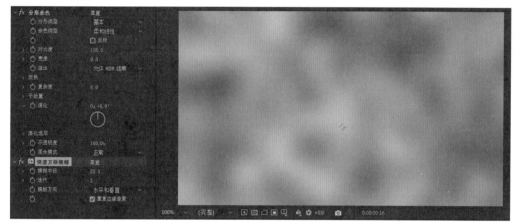

图8-45

**7** 将合成中的所有图层转换为三维图层，并调整"波纹"图层的【位置】为(360,331,-740)，【X轴旋转】为0×+90°，效果如图8-46所示。

**8** 在【时间轴】面板中单击鼠标右键，在弹出的菜单中选择【新建】>【摄像机】命令，创建摄像机图层，将【预设】设置为50毫米，如图8-47所示。

图8-46　　　　　　　　　　　　　　　图8-47

**9** 选择"波纹"图层,执行【图层】>【预合成】命令,在打开的对话框中选择【将所有属性移动到新合成】单选按钮,如图8-48所示。

**10** 选择"波纹合成1"图层,开启图层塌陷转换开关,如图8-49所示。

**11** 在【时间轴】面板中单击鼠标右键,在弹出的菜单中选择【新建】>【调整图层】命令,创建调整图层,如图8-50所示。

图8-48

图8-49

图8-50

**12** 选择调整图层,执行【效果】>【扭曲】>【置换图】命令,设置【置换图层】为"波纹 合成1",【最大水平置换】为43,【最大垂直置换】为228,如图8-51所示。

图8-51

**13** 在【时间轴】面板中调整图层的位置,将"素材"图层放置在"摄像机1"图层下方,将"调整图层1"放置于"素材"图层下,仅影响"倒影"图层,并关闭"波纹 合成1"的显示图标,将摄像机调节到合适的观察角度,如图8-52所示。

**14** 选择"倒影"图层,执行【效果】>【风格化】>【动态拼贴】命令,将【输出高度】设置为250,如图8-53所示。

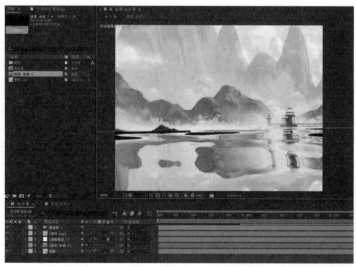

图8-52

图8-53

15 在【时间轴】面板中单击鼠标右键，在弹出的菜单中选择【新建】>【纯色】命令，创建纯色层，设置【颜色】为"白色"，【名称】为"烟雾"，【大小】为1500×1500像素，如图8-54所示。

16 选择"烟雾"图层，使用钢笔工具绘制不规则遮罩，将【遮罩羽化】设置为(73,73像素)，并将该图层转换为三维图层，如图8-55所示。

图8-54

图8-55

17 选择"倒影"图层，执行【效果】>【颜色校正】>【曲线】命令，效果如图8-56所示。

图8-56

**18** 选择"波纹"图层,在【分形杂色】效果中设置动画。将【当前时间指示器】移动至0:00:00:00位置,激活【演化】属性的【时间变化秒表】按钮,如图8-57所示。

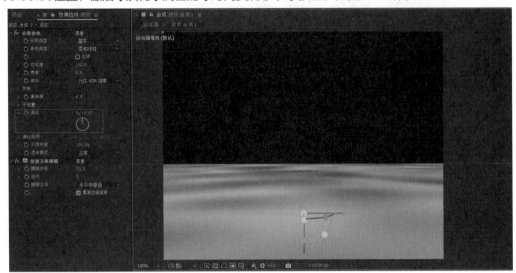

图8-57

**19** 选择"波纹"图层,将【当前时间指示器】移动至0:00:04:24位置,将【演变】设置为2×+0.0°,如图8-58所示。

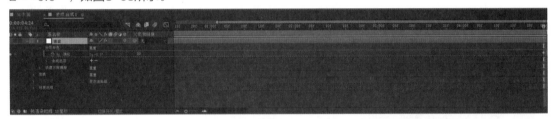

图8-58

**20** 选择摄像机图层,制作动画效果。将【当前时间指示器】移动至0:00:00:00位置,激活【位置】属性的【时间变化秒表】按钮,并将其设置为(100,306,-800),如图8-59所示。

图8-59

**21** 将【当前时间指示器】移动至0:00:04:24位置,将【位置】设置为(172,290,-574),如图8-60所示。

至此,本案例制作完毕,按小键盘上的数字键0,预览最终效果。

图8-60

# 第9章
## 色彩调节与校正

- 色彩基础
- 基础调色效果
- 常用调色效果
- 综合实战：雨中美景

随着影视后期处理技术的不断发展，传统的调色技术已经逐渐被数字调色技术所取代。数字调色技术主要分为校色和调色。由于前期拍摄时的一些问题，视频有时会出现一些偏色情况，这就需要校色来帮助视频恢复原来的色彩。调色用来达到一些特殊的艺术效果，在后期制作中调色阶段尤为重要。调色能够从形式上更好地配合画面内容的表达。画面是一部影片最重要的基本元素，画面的颜色效果会直接影响到影片的内容。本章将详细地介绍色彩的基础知识以及调色效果的使用。

# 9.1 色彩基础

## 9.1.1 色彩

色彩是人眼看到光后的一种感觉。这种感觉是人眼所接收到光的折射和心理状况相结合后的产物。光线进入眼睛后传输至大脑，大脑会对这种刺激产生一种感觉定义，这就是色的意思。随后人脑对刺激程度给出一个强度的变化，而这种变化正是人们对光的理解。

**三原色：** 在色彩中我们把最基础的3种颜色称为三原色，原色是不能再分解的基本颜色，并可以合成其他的颜色。通常意义上的三原色为红(Red)、绿(Green)、蓝(Blue)3种颜色，将3种颜色以不同的比例相加，可以混合出各种颜色，当3种颜色的混合达到一定的程度，可以呈现白光的效果，所以这种颜色模式又被称为加色模式。除了光的三原色外，还有另一种三原色，称为颜料三原色。我们看到印刷的颜色，实际上都是看到的纸张反射的光线，比如我们在画画的时候调颜色，也要用这种组合。颜料吸收光线，而不是将光线叠加，因此颜料的三原色就是能够吸收RGB的颜色，为黄、品红、青，它们就是RGB的补色，如图9-1所示，左边为色光三原色，右边为颜料三原色。

**间色：** 由两个不同的原色相互混合所得出的色彩就是间色，如光的三原色中红与绿混合后得黄，蓝与绿混合后得青。

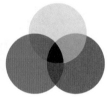

图9-1

**复色：** 也被称为次色，是原色与间色相调或用间色与间色相调而成的颜色。复色包括了除原色和间色以外的所有颜色。

## 9.1.2 色彩三要素

通常所说的色彩三要素是指色彩的明度、色调(色相)和饱和度(纯度)。在日常生活中人眼所接触到的任何彩色光都包含以上3个综合效果。

**明度：** 我们常说的明度是颜色中亮度和暗度的总和。计算明度的方法是根据颜色中灰度所占有的比例来决定的。在测试比例中，黑色表示0，白色表示10，在0~10之间以相同比例分割成9个阶段。在色彩上则可分为无色和有色，但要注意，无色仍然存在着明度变化。作为有色，每一种色都有各自的亮度和暗度，并在测试卡上对应相关的位置。处于高位置的颜色明度变化不是很明显，对其他颜色的影响也很细微，不太容易进行辨别。灰度测试卡如图9-2所示。

**色相：** 色彩的呈现原理是基于光的物理反射至视觉神经所形成的一种感觉。由于光波不同，有长短的差别，就会形成不同的颜色。而这里所说的色相，就是各种不同颜色的差别。在诸多波长中，红色最长，紫色最短，将红、橙、黄、绿、蓝、紫和它们之间所对应的中间色，如红橙、黄橙、黄绿、蓝绿、蓝紫、红紫共12种颜色称为色相环，如图9-3所示。色相环上都是高纯度的色，通常被称为纯色。色相环上的颜色排列是根据人的视觉及感觉为基准进行等隔排列的，这种方法还可以详细分辨出更多的颜色。

**饱和度：** 饱和度是指色彩的鲜艳程度，也称色彩的纯度。饱和度取决于该色中含色成分和消色成分（灰色）的比例。含色成分越大，饱和度越大；消色成分越大，饱和度越小。纯的颜色都是高度饱和的，如纯红、纯黄。混杂上白色、灰色或其他色调的颜色，是不饱和的颜色，如粉红、棕色等，如图9-4所示。

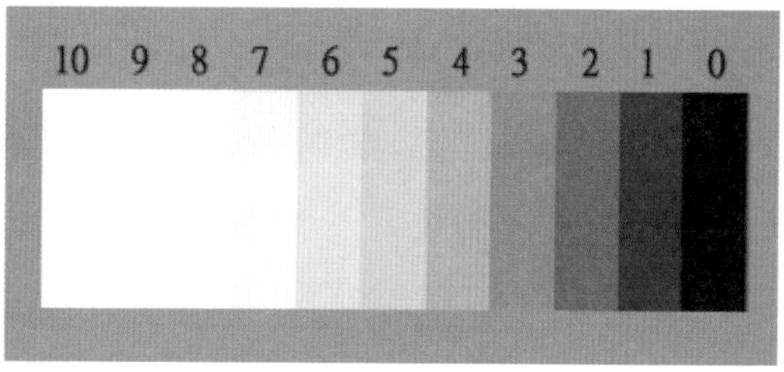

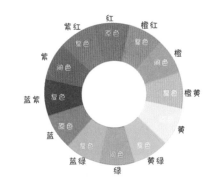

图9-2

## 9.1.3 色彩三要素的应用空间

合理运用颜色可以表现出不同的效果，如利用色彩表现前后空间感，我们就可以通过明度、纯度、色相、冷暖和形状等因素来表达。

利用色彩明度进行空间表达时应注意，高明度颜色在空间上有靠前的感觉，而低明度颜色在空间上有靠后的感觉。

利用冷暖颜色进行对比时应注意，偏暖的颜色在空间上会带来靠前的感觉，而偏冷的颜色在空间上会带来靠后的感觉。

利用颜色纯度进行对比时应注意，纯度高的颜色会带来靠前的感觉，而纯度低的颜色会带来靠后的感觉。

从画面来说，色彩统一完整就会有靠前的感觉，而色彩零碎、边缘模糊就会有靠后的感觉。

从透视关系来说，大面积的色彩表现会带来靠前的感觉，而小面积的色彩表现会有靠后的感觉。

从形状结构来说，规则有型的图案形状会带来靠前的感觉，而不规则凌乱的图案形状会有靠后的感觉。

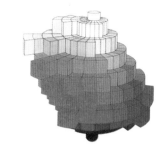

图9-3

图9-4

─────※技术专题 颜色深度和高动态范围颜色※─────

颜色深度(或位深度)用于表示像素颜色的每通道位数。每个RGB通道(红色、绿色和蓝色)的位数越多，每个像素可以表示的颜色就越多。

在After Effects中，用户可以使用每通道8位、每通道16位或每通道32位颜色，如图9-5所示。

每通道8位的每个颜色通道可以具有从0(黑色)到255(纯饱和色)的值。每通道16位的每个颜色通道可以具有从0(黑色)到32,768(纯饱和色)的值。如果所有3个颜色通道都具有最大纯色值，则结果是白色。每通道32位可以具有低于0的值和超过1(纯饱和色)的值，因此After Effects中的每通道32位颜色也是高动态范围(HDR)颜色，HDR值可以比白色更明亮。

图9-5

# 9.2 基础调色效果

在【颜色校正】效果中提供了【色阶】【曲线】【色相/饱和度】效果，这是最基础的调色效果。

## 9.2.1 色阶

通常使用色阶来表现图像的亮度级别和强弱分布，即色彩分布指数。而在数字图像处理软件中，一般多指灰度的分辨率，又称为幅度分辨率或灰度分辨率。在After Effects中，用户可以通过【色阶】效果增加图像的明暗对比度，如图9-6所示。

图9-6

执行【效果】>【颜色校正】>【色阶】命令，在【效果控件】面板中展开效果参数，如图9-7所示。

※参数详解

**通道：**提供了RGB、红色、绿色、蓝色和Alpha 5种可选通道，用户可以根据自身需求来选择通道，从而进行单独通道的调节。

**直方图：**在这里可以直观地看到所选图像的颜色分布情况，如图像的高光区域、阴影区域以及中间区域的亮度情况。通过对不同部分进行调

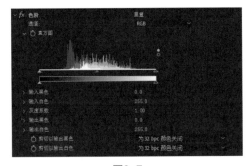

图9-7

整来改变图像整体的色彩平衡和色调范围。用户可以通过拖曳滑块进行颜色调整，将暗淡的图像调整为明亮的效果。如图9-8所示，绝大部分的像素都集中在直方图的左侧区域，右侧区域分布的像素相对较少，所以照片中呈现出大面积的暗色。

图9-8

单击直方图可在以下两个选择之间切换：显示所有颜色通道的直方图着色版本和仅显示在"通道"选项中选择的一个或多个通道的直方图。

**输入黑色：**用于调整图像中所添加黑色的比例。

**输入白色：**用于调整图像中所添加白色的比例。

**灰度系数：**用于调整图像中灰度的参数值，调节图像中阴影部分和高光部分的相对值。

**输出黑色：**用于调整整体图像由深到浅的可见度，数值越高，整体图像越亮，直至最后图像整体变成白色。

**输出白色：**用于调整整体图像由浅到深的可见度，数值越低，整体图像越暗，直至最后图像整体变成黑色。

**剪切以输出黑色/剪切以输出白色：**用于确定明亮度值小于【输入黑色】值或大于【输入白色】值的像素的结果。如果已打开剪切功能，则会将明亮度值小于【输入黑色】值的像素映射到【输出黑色】值；将明亮度值大于【输入白色】值的像素映射到【输出白色】值。如果已关闭剪切功能，则生成的像素值会小于【输出黑色】值或大于【输出白色】值，并且灰度系数值会发挥作用。

※提示※

在【颜色校正】效果中，还提供了【色阶(单独控件)】效果，该效果通过对每一个色彩通道的色阶进行单独调整来设置整体画面的效果，使用方法与【色阶】效果基本一致，如图9-9所示。

**【练习9-1】：色阶调色**

　　**素材文件：**实例文件/第9章/练习9-1

　　**效果文件：**实例文件/第9章/练习9-1/色阶调色.aep

教学视频

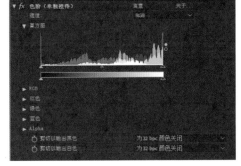

图9-9

　　**视频教学：**多媒体教学/第9章/色阶调色.avi

　　**技术要点：**色阶调色

本练习效果如图9-10所示。

图9-10

**1** 打开项目"色阶调色.aep"，如图9-11所示。

**2** 选择"素材"图层，执行【效果】>【颜色校正】>【色阶】命令，设置【输入黑色】为45，【输入白色】为210，如图9-12所示。

图9-11

图9-12

## 9.2.2　曲线

在After Effects中，用户可以通过曲线控制效果，从而灵活地调整图像的色调范围。用户可以使用这一功能对图像整体或者单独通道进行调整。在对颜色的精确调整中用户可以赋予暗淡的图像新的活力，如图9-13所示。

图9-13

执行【效果】>【颜色校正】>【曲线】命令，在【效果控件】面板中展开效果参数。曲线左下角的端点代表图像中的暗部区域，右上角的端点代表图像中的高光区域。往上移动点会使图像变亮，往下移动点会使图像变暗，使用S形曲线会增加图像的明暗对比度，如图9-14所示。

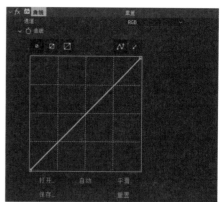

※**参数详解**

**通道：** 提供了RGB、红色、绿色、蓝色和Alpha
5种可选通道，用户可以根据自身需求来选择通道，
从而进行单独通道的调节。

**曲线工具：** 对曲线增加或者删减节点，通过设定
不同的节点可以更加精确地对图像进行调控。

**铅笔工具：** 对曲线进行自定义绘画。

**打开：** 导入之前设定的曲线文件。

**保存：** 对设定好的曲线进行保存。

**平滑：** 对已修改的参数做出缓和处理，使画面中
修改的效果更加平滑。

图9-14

**自动：** 自动调整曲线。

**重置：** 对已修改的参数进行还原设置，会把所有参数还原到未修改前的数值。

---

※**提示**※

S形曲线可以降低暗部的亮度值，增加亮部区域的输出亮度，从而增大图像的明暗对比度。

---

## 9.2.3　色相/饱和度

用户可以通过【色相/饱和度】效果来完成对图像的色彩调节，如图9-15所示。

图9-15

执行【效果】>【颜色校正】>【色相/饱和度】命令，
在【效果控件】面板中展开效果参数，如图9-16所示。

※**参数详解**

【着色色相】【着色饱和度】【着色亮度】3个选项
需要用户勾选【彩色化】复选框后才可以进行调节。【彩
色化】可以让转换为RGB图像的灰度图像添加颜色，或为
RGB图像添加颜色。

**通道控制：** 提供了主、红色、黄色、绿色、青色、蓝
色、洋红7种可选通道，用户可以通过【通道范围】选项查
看受效果影响的颜色范围。

**通道范围：** 对图像的颜色进行最大限度的自主选择，
显示通道受效果影响的范围。

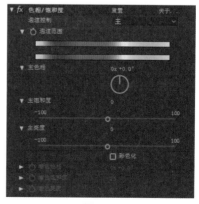

图9-16

**主色相：** 调节图像的颜色，并可以根据数值进行详细调控。

**主饱和度：** 调节图像的整体饱和度，调整区间范围从−100至100。当主饱和度为−100时，图像

变为黑白图像。

**主亮度：**调节图像的整体亮度，调整区间范围从−100至100。

**着色色相：**自主选择所需要的单一色相进行调整修改。

**着色饱和度：**对所选色相的饱和度进行调整，调整区间范围从0至100。

**着色亮度：**对所选色相的亮度进行调整，调整区间范围从−100至100。

**重置：**对已修改的参数进行还原设置，会把所有参数还原到未修改前的数值。

# 9.3  常用调色效果

## 9.3.1  亮度和对比度

用户可以通过【亮度和对比度】效果来完成对图像的亮度和对比度调节。其中，亮度是指图像的明亮程度，而对比度则是图像中黑色与白色的分布比值，即颜色的层次变化。比值越大，层次变化就越多，色彩表现就越丰富。【亮度和对比度】效果能够同时调整画面的暗部、中间调和亮部区域，但只能针对单一的颜色通道进行调整，如图9-17所示。

※**参数详解**

**亮度：**修改目标图像的整体亮度。

**对比度：**修改目标图像的对比度，增加图像的层次感，数值越大，对比度越高。

**重置：**对已修改的参数进行还原设置，会把所有参数还原到未修改前的数值。

图9-17

## 9.3.2  色光

用户可以通过【色光】效果对图像进行颜色取样并进行转变，从而使用新的渐变颜色对图像进行上色处理，例如彩虹、霓虹灯彩色光的效果，同时可以为其设置动画效果，如图9-18所示。

执行【效果】>【颜色校正】>【色光】命令，在【效果控件】面板中展开效果参数，如图9-19所示。

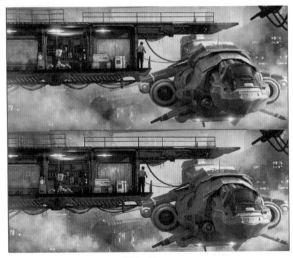

图9-18

图9-19

※**参数详解**

**输入相位：**对图像颜色进行调节，其中包括4个可调节选项。【获取相位，自】用作输入的颜色属性，提供了10种可选模式，其中"零"模式用于使用其他图层的颜色属性。【添加相位】用于更改图像颜色的来源位置和信息。【添加相位，自】用于指定哪一个通道来添加色彩，提供了10种可选模式。【添加模式】用于指定合并输入值的方式，提供了4种可选模式。【相移】用于通过参数调整改变图像颜色。

**输出循环：**对图像颜色进行自定义设置，包括相位、颜色、风格等，其中包括4个可调节选项。【使用预设调板】用于图像风格的选择，提供了33种可选风格。【输出循环】用于自定义颜色的设置。【循环重复次数】用于对循环次数进行更改，数值越高，图像中的杂点越明显。【插值调板】默认为勾选状态，颜色会产生均匀的过渡效果。

**修改：**对图像颜色参数进行更改，其中包括3个可调节选项。【修改】用于对图像中不同的通道进行调整，提供了14个选项。【修改Alpha】用于对图像中的Alpha通道进行变更。【更改空像素】用于是否对空像素进行更改。

**像素选区：**用于对图像中的色彩影响范围进行调整，其中包括4个可调节选项。【匹配颜色】用于对彩色光的颜色进行指定。【匹配容差】用于对颜色容差进行调整。容差越大，图像颜色范围越广；容差越小，图像颜色范围越小，范围从0至1。【匹配柔和度】用于对图像的柔和度进行调整，柔和度会随着数值的增大而增大，受影响的区域与未受影响的区域将产生柔化的过渡。【匹配模式】用于设置颜色匹配的模式。

**蒙版：**用于对图像添加蒙版，其中包括3个可调节选项。【蒙版图层】可以更改蒙版图层。【蒙版模式】可指定将蒙版图层的哪种属性用于定义蒙版。【在图层上合成】用于显示基于原始图层合成的修改像素。取消选择此选项，则仅显示修改的像素。

**与原始图像混合：**用于完成自定义效果与原图像的混合程度，范围从0%至100%。

**重置：**对已修改的参数进行还原设置，会把所有参数还原到未修改前的数值。

## 9.3.3 阴影/高光

【阴影/高光】效果可以用来对图像的阴影和高光区域进行调整。在高光调控部分，用户可以调整高光区域的层次和颜色，而且调整不会影响图像的阴影部分；在阴影调控部分，用户可以根据自身需求更改阴影部分的曝光值。该效果可调节图像中由于灯光太过强烈而产生的灯光轮廓或者图像中阴影区域不清楚的部分，如图9-20所示。

执行【效果】>【颜色校正】>【阴影/高光】命令，在【效果控件】面板中展开效果参数，如图9-21所示。

※**参数详解**

**自动数量：**通过分析当前画面，自动调整画面中的阴影和高光的数量。需要注意的是，如果用户选择使用系统自动提供的参数，就不可以自行更改【阴影数量】【高光数量】这两个参数选项。

图9-20

**阴影数量:** 决定阴影在图像中的所占比例。数值越大,阴影区域越亮。

**高光数量:** 决定高光在图像中的所占比例。只对图像的亮部进行调整,数值越大,高光区域越暗。

图9-21

**瞬时平滑(秒):** 更改图像的平滑程度。

**场景检测:** 检测所选场景。

**更多选项:** 更改更多的参数设置,包含【阴影色调宽度】【阴影半径】【高光色调宽度】【高光半径】【颜色校正】【中间调对比度】【修剪黑色】【修剪白色】8个可调参数。

**与原始图像混合:** 决定修改后的效果与原图像的混合程度,范围从0%至100%。

**重置:** 对已修改的参数进行还原设置,会把所有参数还原到未修改前的数值。

## 9.3.4 色调

【色调】效果可以将画面的黑色部分和白色部分使用指定的颜色进行替代。执行【效果】>【颜色校正】>【色调】命令,在【效果控件】面板中展开效果参数,如图9-22所示。

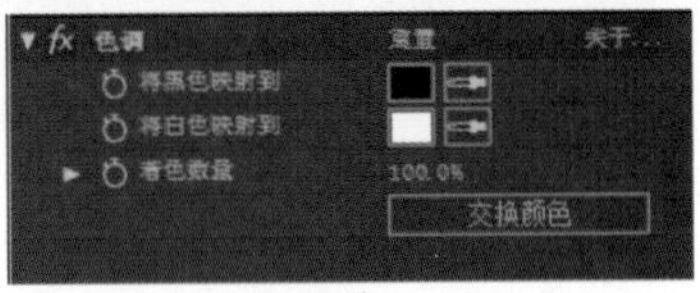

※**参数详解**

**将黑色映射到:** 将图像中的黑色替代成选定颜色。

图9-22

**将白色映射到:** 将图像中的白色替代成选定颜色。

**着色数量:** 设置图像染色的程度,100%为完全染色状态,0%为不染色。

**交换颜色:** 单击此按钮,可切换【将黑色映射到】和【将白色映射到】的颜色值。

## 9.3.5 三色调

【三色调】效果可以对图像中的高光、中间调和阴影颜色进行替换,如图9-23所示。

图9-23

执行【效果】>【颜色校正】>【三色调】命令,在【效果控件】面板中展开效果参数,如图9-24所示。

图9-24

※**参数详解**

**高光:** 更改图像高光区域的颜色。

**中间调:** 更改图像中间调区域的颜色。

**阴影:** 更改图像阴影区域的颜色。

**与原始图像混合:** 决定修改后的效果与原始图像的混合程度,范围从0%至100%。

**重置:** 对已修改的参数进行还原设置,会把所有参数还原到未修改前的数值。

### 9.3.6 照片滤镜

【照片滤镜】效果可以为图像加入一个滤镜，以达到图像色调统一的目的。

执行【效果】>【颜色校正】>【照片滤镜】命令，在【效果控件】面板中展开效果参数，如图9-25所示。

图9-25

※**参数详解**

**滤镜：**对图像添加所需要的颜色滤镜，有20种默认效果以及自定义选项可供用户选择。

**颜色：**设置所选滤镜的颜色。需要注意的是，【颜色】只有在【滤镜】选择为【自定义】时才被激活。

**密度：**更改颜色的附着强度，颜色强度会随着此项数值的增大而增大。调整范围从0%至100%。

**保持发光度：**对图像的整体亮度进行调控，可以在改变颜色的情况下仍旧保持原有的明暗关系。

**重置：**对已修改的参数进行还原设置，会把所有参数还原到未修改前的数值。

### 9.3.7 颜色平衡

【颜色平衡】效果可以控制红、绿、蓝在阴影、中间调和高光部分的比重，从而完成对图像色彩平衡的调节，如图9-26所示。

图9-26

执行【效果】>【颜色校正】>【颜色平衡】命令，在【效果控件】面板中展开效果参数，如图9-27所示。

※**参数详解**

**阴影红色平衡：**用于设定阴影区域的红色平衡数值，范围从-100至100。

**阴影绿色平衡：**用于设定阴影区域的绿色平衡数值，范围从-100至100。

**阴影蓝色平衡：**用于设定阴影区域的蓝色平衡数值，范围从-100至100。

图9-27

**中间调红色平衡：**用于设定中间调区域的红色平衡数值，范围从-100至100。

**中间调绿色平衡：**用于设定中间调区域的绿色平衡数值，范围从-100至100。

**中间调蓝色平衡：**用于设定中间调区域的蓝色平衡数值，范围从-100至100。

**高光红色平衡：**用于设定高光区域的红色平衡数值，范围从-100至100。

**高光绿色平衡：**用于设定高光区域的绿色平衡数值，范围从-100至100。

**高光蓝色平衡：**用于设定高光区域的绿色平衡数值，范围从-100至100。

**保持发光度：**用于更改是否保持原图像的亮度数值。

**重置：**对已修改的参数进行还原设置，会把所有参数还原到未修改前的数值。

## 9.3.8　更改颜色

　　【更改颜色】效果可以完成对图像颜色的转变，也可以将画面中的某个特定颜色置换成另一种颜色，如图9-28所示。

图9-28

　　执行【效果】>【颜色校正】>【更改颜色】命令，在【效果控件】面板中展开效果参数，如图9-29所示。

　　※**参数详解**

　　**视图：**设置查看图像的方式。【校正的图层】用来观察色彩校正后的显示效果。【颜色校正蒙版】用来观察蒙版效果，也就是图像中被改变的区域。

图9-29

　　**色相变换：**用于完成对图像色相的调整。

　　**亮度变换：**用于完成对图像亮度的调整。

　　**饱和度变换：**用于完成对图像饱和度的调整。

　　**要更改的颜色：**用于指定替换的颜色。

　　**匹配容差：**用于完成对图像颜色容差度的匹配，即指定颜色的相似程度。范围从0%至100%，数值越大，被更改的区域越大。

　　**匹配柔和度：**用于完成对图像色彩柔和度的调节。范围从0%至100%。

　　**匹配颜色：**用于对颜色进行匹配模式设置，提供了3种可调节模式。

　　**反转颜色校正蒙版：**用于对蒙版进行反转，从而反转色彩校正的范围。

　　**重置：**对已修改的参数进行还原设置，会把所有参数还原到未修改前的数值。

## 9.3.9　自动颜色、自动色阶、自动对比度

**1. 自动颜色**

　　【自动颜色】效果可以对目标图像自动校正匹配颜色，省去了手动调整的步骤，节约了时间。

【自动颜色】效果可以对图像中的阴影、中间色调和高光进行分析，然后自动调节图像中的对比度和颜色。

执行【效果】>【颜色校正】>【自动颜色】命令，在【效果控件】面板中展开效果参数，如图9-30所示。

图9-30

※**参数详解**

**瞬时平滑(秒)：** 指定围绕当前帧的持续时间。

**场景检测：** 默认为非选择状态，将忽略不同场景中的帧。

**修剪黑色：** 对图像中黑色所占比例进行调整，调整范围为0%至10%。

**修剪白色：** 对图像中白色所占比例进行调整，调整范围为0%至10%。

**对齐中性中间调：** 默认为非选择状态，勾选该复选框，将确定一个接近中性色彩的平均值，使图像整体色彩保持平衡。

**与原始图像混合：** 对修改后和未修改的图像进行混合，调整范围为0%至100%。

**重置：** 对已修改的参数进行还原设置，会把所有参数还原到未修改前的数值。

### 2. 自动色阶

【自动色阶】效果可以对目标图像自动校正匹配色阶调整，省去了手动调整的步骤，节约了时间。【自动色阶】效果可以按比例来分布中间色阶，并自动设置修剪白色和阴影。

执行【效果】>【颜色校正】>【自动色阶】命令，在【效果控件】面板中展开效果参数，如图9-31所示。【自动色阶】的参数与【自动颜色】的参数相同，在这里不再详述。

图9-31

### 3. 自动对比度

【自动对比度】效果可以对目标图像自动校正匹配色彩对比度和颜色混合度，省去了手动调整的步骤，节约了时间。

执行【效果】>【颜色校正】>【自动对比度】命令，在【效果控件】面板中展开效果参数，如图9-32所示。【自动对比度】的参数与【自动颜色】的参数相同，在这里不再详述。

图9-32

# 9.4 综合实战：雨中美景

**素材文件：** 实例文件/第9章/综合实战/雨中美景

**效果文件：** 实例文件/第9章/综合实战/雨中美景/雨中美景.aep

**视频教学：** 多媒体教学/第9章/综合实战/雨中美景/雨中美景.avi

**技术要点：** 调色效果的综合应用

教学视频

本案例是对素材运用调色命令，模拟阴天效果，再通过添加内置效果，模拟雨滴打落在镜头上的效果，如图9-33所示。

### 9.4.1 素材颜色调节

**1** 双击【项目】面板，打开"雨中美景.aep"，如图9-34所示。

图9-33 图9-34

**2** 在【时间轴】面板中单击鼠标右键，在弹出的菜单中选择【新建】>【调整图层】命令，创建"调整图层1"，如图9-35所示。

图9-35

**3** 选择"调整图层1"，执行【效果】>【颜色校正】>【亮度和对比度】命令，在【效果控件】面板中，设置【亮度】为-67，【对比度】为-19，如图9-36所示。

图9-36

**4** 选择"调整图层1"，执行【效果】>【颜色校正】>【色相/饱和度】命令，设置【主饱和度】为-24，如图9-37所示。

图9-37

**5** 在【时间轴】面板中单击鼠标右键，在弹出的菜单中选择【新建】>【纯色】命令，将名称设置为"乌云"。选择"乌云"图层，执行【效果】>【杂色和颗粒】>【分形杂色】命令，如图9-38所示。

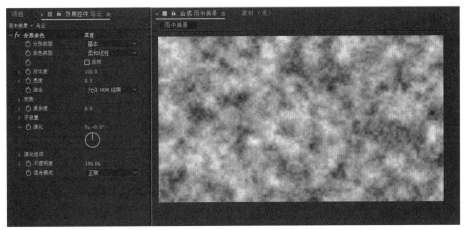

图9-38

**6** 将"乌云"图层混合模式修改为【相乘】，在【效果控件】面板中，设置【缩放】为296，【复杂度】为2，如图9-39所示。

图9-39

**7** 将【当前时间指示器】移动至0:00:00:00位置，激活【演化】属性的【时间变化秒表】按钮；将【当前时间指示器】移动至0:00:06:24位置，将【演化】设置为0×+20°，如图9-40所示。

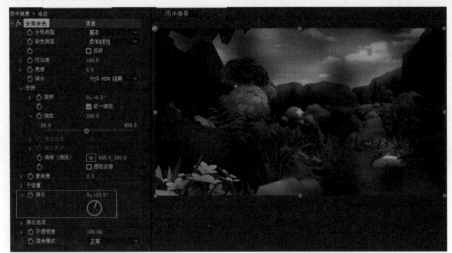

图9-40

**8** 选择"乌云"图层，使用矩形工具绘制蒙版，将【蒙版羽化】设置为114，效果如图9-41所示。

图9-41

9.4.2 雨点效果制作

**1** 在【时间轴】面板中选择"素材.jpg"图层，执行【编辑】>【重复】命令，重命名为"雨点"。选择"雨点"图层，执行【效果】>【模拟】>【CC Mr.Mercury】命令，拖动【当前时间指示器】观察动画效果，如图9-42所示。

**2** 选择"雨点"图层，在【效果控件】面板中，设置Radius X(X轴半径)为100，Radius Y(Y轴半径)为110，Velocity(速率)为0，Birth Rate(生长速度)为0.6，Longevity(寿命)为5，Gravity(重力)为0.5，Resistance(阻力)为0.1，Animation(动画)为Direction(方向)，Blob Birth Size(圆点生长尺寸)为0.18，Blob Death Size(圆点消失尺寸)为0.35，Light Intensity(照明强度)为84，如图9-43所示。

图9-42

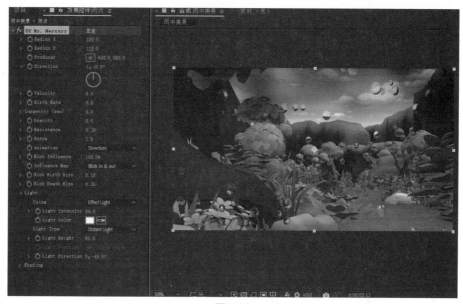

图9-43

③　选择"素材.jpg"图层，执行【效果】>【模糊和锐化】>【快速方框模糊】命令，在【效果控件】面板中，将【模糊半径】设置为1，勾选【重复边缘像素】复选框，如图9-44所示。

图9-44

④　选择"素材.jpg"图层，执行【效果】>【模拟】>【CC Rainfall】命令，在【效果控件】面板

中，设置Size(大小)为9，Wind(风)为40，如图9-45所示。

图9-45

⑤ 将【当前时间指示器】移动至0:00:02:00位置，激活"素材.jpg"图层的【快速方框模糊】效果中【模糊半径】属性的【时间变化秒表】按钮，如图9-46所示。

图9-46

⑥ 将【当前时间指示器】移动至0:00:06:00位置，在"素材.jpg"图层的【快速方框模糊】效果中设置【模糊半径】为4，如图9-47所示。

图9-47

至此，本案例制作完毕，按小键盘上的数字键0，预览最终效果。

# 第10章

## 抠　像

- 抠像技术介绍
- 抠像效果
- 综合实战：动画镜头合成

在动画制作领域，尤其是在定格动画的制作中，抠像技术被广泛应用。After Effects提供了多种抠像效果。本章主要对抠像效果命令进行详细介绍。

# 10.1　抠像技术介绍

"抠像"一词是从早期电视制作中得来的，英文称为Key，意思是吸取画面中的某一种颜色作为透明色，将它从画面中抠去，从而使背景透出来，在后期的制作中再加入新的背景，形成特殊的图像合成效果。为了便于能够在后期制作中更干净地去除背景颜色，同时不影响主体的颜色表现，通常情况下拍摄的素材选用单纯均匀的背景颜色。无论是"抠蓝"还是"抠绿"，为了使光线布置得尽可能均匀，往往会在摄影棚内进行拍摄，如图10-1所示。

# 10.2　抠像效果

在After Effects中，抠像效果是使图像中的某一部分透明，将所选颜色或亮度从图像中去除，从而实现背景的透明化效果。用户可以直接对一段视频做处理，这就极大地缩短了后期制作的时间，最终的抠像结果由前期拍摄素材的质量和后期制作中的抠像技术共同决定，这是一种非常有效的实用技术。

图10-1

用户可以在【时间轴】面板中选中需要添加抠像效果的图层，执行【效果】>【抠像】命令，该效果组为用户提供了9种图像处理效果，如图10-2所示。

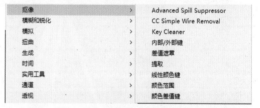

图10-2

## 10.2.1　颜色键

【颜色键】可以抠除与指定颜色相似的图像像素，是基础的抠像效果，如图10-3所示。

图10-3

※**参数详解**

**主色**：指定抠除的颜色，单击吸管工具，吸取屏幕上的颜色，或单击【主色】色板并指定颜色。

**颜色容差**：用于设置抠除的颜色范围。数值越低，接近指定颜色的范围越小；数值越大，接近指定颜色的范围越大，抠除的颜色范围越大。

**薄化边缘**：用于设置抠除区域的边界宽度。

**羽化边缘**：用于设置边缘的柔化程度。数值越高，边缘越模糊。

※**提示**※

从 2013 年 10 月版的 After Effects CC 开始，颜色抠像效果已移到过时效果类别。

## 10.2.2 亮度键

【亮度键】可以抠除画面中指定亮度的区域，适用于保留区域的图像与抠除背景区域亮度差异明显的素材，如图10-4所示。

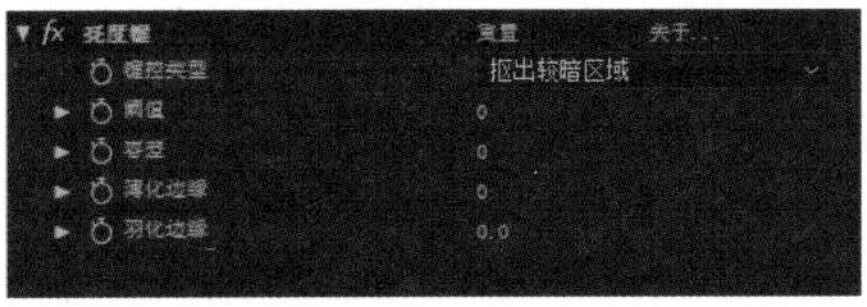

图10-4

※**参数详解**

**键控类型：**用于指定亮度键的类型。【抠出较暗区域】用于抠除颜色更暗的区域；【抠出较亮区域】用于抠除颜色更亮的区域；【抠出亮度相似的区域】用于抠除与【阈值】接近的亮度区域；【抠出亮度不同的区域】用于保留与【阈值】接近的亮度区域。

**阈值：**用于设置遮罩基于的明亮度。

**容差：**用于设置抠除的亮度范围。数值越小，接近指定亮度的范围越小；数值越大，接近指定亮度的范围越大，抠除的亮度范围越大。

**薄化边缘：**用于设置抠除区域的边界宽度。

**羽化边缘：**用于设置边缘的柔化程度。数值越高，边缘越模糊。

> ※**提示**※
>
> 从 2013 年 10 月版的 After Effects CC 开始，亮度抠像效果已移到过时效果类别。使用【颜色键】和【亮度键】进行抠像时，对于抠像素材的要求相对较高，只适合保留区域和抠除区域颜色或明度差异明显的素材，并且只能产生透明和不透明两种效果。对于背景复杂的素材，这两种抠像方式一般得不到很好的效果。

## 10.2.3 颜色范围

【颜色范围】可以在Lab、YUV或RGB颜色空间中指定抠除的颜色范围。对于包含多种颜色或亮度不均匀的背景，可以创建透明效果，如图10-5所示。

图10-5

※**参数详解**

**预览：**查看图像的抠除情况。黑色部分为抠除区域，白色部分为保留区域，而灰色部分是过渡区域。

**模糊：**设置边缘的柔化程度。

**色彩空间：**指定抠除颜色的模式，包括Lab、YUV、RGB 3种模式。

**最小值(L,Y,R)和最大值(L,Y,R)：**设置指定颜色空间的第一个分量。最小值用于设置颜色范围的起始颜色，最大值用于设置颜色范围的结束颜色。

最小值(a,U,G)和最大值(a,U,G)：设置指定颜色空间的第二个分量。最小值用于设置颜色范围的起始颜色，最大值用于设置颜色范围的结束颜色。

最小值(b,V,B)和最大值(b,V,B)：设置指定颜色空间的第三个分量。最小值用于设置颜色范围的起始颜色，最大值用于设置颜色范围的结束颜色。

> ※提示※
>
> 【主色吸管】用于吸取图像中最大范围的颜色，【加色吸管】用于继续添加抠除范围的颜色，【减色吸管】用于减去抠除范围中的颜色。

### 【练习10-1】：颜色范围抠像

**素材文件：** 实例文件/第10章/练习10-1
**效果文件：** 实例文件/第10章/练习10-1/颜色范围抠像.aep
**视频教学：** 多媒体教学/第10章/颜色范围抠像.avi
**技术要点：** 颜色范围抠像

教学视频

1 双击【项目】面板，打开"颜色范围抠像.aep"，如图10-6所示。

2 选择"素材.jpg"图层，在【时间轴】面板中单击鼠标右键，在弹出的菜单中选择【效果】>【抠像】>【颜色范围】命令，在【效果控件】面板中，设置【色彩空间】为RGB，【模糊】为8，使用【主色吸管】吸取图像中最大范围的颜色，使用【加色吸管】继续添加抠除范围的颜色，使用【减色吸管】减去抠除范围中的颜色，如图10-7所示。

图10-6

图10-7

## 10.2.4 颜色差值键

【颜色差值键】可以将图像划分为A、B两个蒙版来创建透明度信息。蒙版B用于指定输出颜色来创建透明度信息，蒙版A使透明度基于不含键出颜色的图像区域，结合蒙版A和B就创建了α蒙版。【颜色差值键】适合处理带有透明和半透明区域的图像，如图10-8所示。

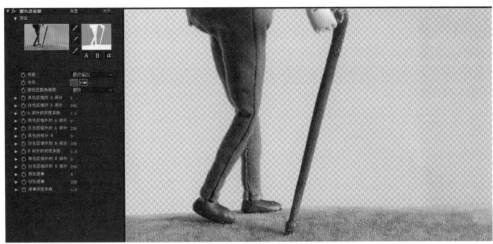

图10-8

※**参数详解**

**视图：** 设定图像在面板中的查看模式，提供了9种可供选择的模式。

**主色：** 指定抠除的颜色，单击吸管工具，吸取屏幕上的颜色，或单击【主色】色板并指定颜色。

**颜色匹配准确度：** 用于对图像中颜色的精确度进行调整，通过【更准确】可以实现一定程度的溢出控制，系统共提供了【更快】和【更准确】两种模式。

**黑色区域的A部分：** 控制A通道中的透明区域。

**白色区域的A部分：** 控制A通道中的不透明区域。

**A部分的灰度系数：** 对图像中的灰度值进行平衡调整。

**黑色区域外的A部分：** 控制A通道中透明区域的不透明度。

**白色区域外的A部分：** 控制A通道中不透明区域的不透明度。

**黑色的部分B：** 控制B通道中的透明区域。

**白色区域中的B部分：** 控制B通道中的不透明区域。

**B部分的灰度系数：** 对图像中的灰度值进行平衡调整。

**黑色区域外的B部分：** 控制B通道中透明区域的不透明度。

**白色区域外的B部分：** 控制B通道中不透明区域的不透明度。

**黑色遮罩：** 控制透明区域的范围。

**白色遮罩：** 控制不透明区域的范围。

**遮罩灰度系数：** 对图像的透明区域和不透明区域的灰度值进行平衡调整。

【**练习10-2**】：*颜色差值抠像*

**素材文件：** 实例文件/第10章/练习10-2

**效果文件：** 实例文件/第10章/练习10-2/颜色差值抠像.aep

**视频教学：** 多媒体教学/第10章/颜色差值抠像.avi

教学视频

**技术要点：** 颜色差值抠像

1 双击【项目】面板，打开"颜色差值抠像.aep"，如图10-9所示。

图10-9

**2** 选择"素材.jpg"图层,在【时间轴】面板中单击鼠标右键,在弹出的菜单中选择【效果】>
【抠像】>【颜色差值键】命令,在【效果控件】面板中,使用吸管工具吸取图像中最大范围的背景
颜色,如图10-10所示。

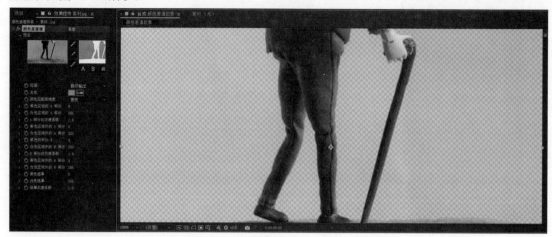

图10-10

**3** 选择"素材.jpg"图层,在【效果控件】面板中,设置【视图】为"已校正遮罩",【黑色遮
罩】为143,【白色遮罩】为200,如图10-11所示。

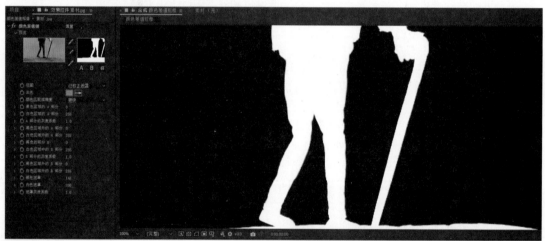

图10-11

**4** 选择"素材.jpg"图层,在【效果控件】面
板中,设置【视图】为"最终输出",效果如
图10-12所示。

## 10.2.5 线性颜色键

　　【线性颜色键】将图像中的每个像素与指
定的抠除颜色进行比较。如果像素的颜色与抠除
颜色相同,则此像素将完全透明;如果像素的颜
色与抠除颜色完全不同,则此像素将保持不透明

图10-12

度;如果像素的颜色与抠除颜色相似,则此像素将变为半透明。【线性颜色键】将显示两个缩略图
像,左边的缩略图显示的是原始图像,右边的缩略图显示的是抠像的结果,如图10-13所示。

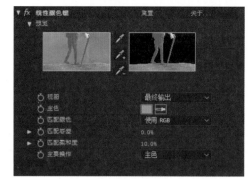

**※参数详解**

**视图：**选择图像的查看方式，包括【最终输出】【仅限源】【仅限遮罩】3种方式。

**主色：**指定抠除的颜色，单击吸管工具，吸取屏幕上的颜色，或单击【主色】色板并指定颜色。

**匹配颜色：**设置抠像的颜色空间，一共有3种模式可供用户选择，分别为【使用RGB】【使用色相】【使用色度】。一般情况下，使用默认的【使用RGB】即可。

图10-13

**匹配容差：**对抠除的颜色范围进行调整，数值越大，被抠除的颜色范围越大。

**匹配柔和度：**设置透明区域与不透明区域的柔和度，通过减少容差值来柔化匹配容差。

**主要操作：**设置指定颜色的操作方式，分为【主色】和【保持颜色】两种。【主色】为设置抠除的颜色，而【保持颜色】则是设置保留的颜色。

### 【练习10-3】：线性颜色键抠像

**素材文件：**实例文件/第10章/练习10-3

**效果文件：**实例文件/第10章/练习10-3/线性颜色键抠像.aep

**视频教学：**多媒体教学/第10章/线性颜色键抠像.avi

**技术要点：**线性颜色键抠像

教学视频

**1** 双击【项目】面板，打开"线性颜色键抠像.aep"，如图10-14所示。

**2** 选择"素材.jpg"图层，在【时间轴】面板中单击鼠标右键，在弹出的菜单中选择【效果】>【抠像】>【线性颜色键】命令，在【效果控件】面板中，使用吸管工具吸取图像中最大范围的背景颜色，如图10-15所示。

图10-14

图10-15

**3** 在【效果控件】面板中，设置【视图】为"仅限遮罩"，【匹配容差】为7%，【匹配柔和度】为2%，效果如图10-16所示。

图10-16

## 10.2.6　差值遮罩

【差值遮罩】适用于拍摄背景保持静止、摄像机固定的场景素材。使用【差值遮罩】进行图像抠除时，将源图层和差异图层进行比较，抠除源图层和差异图层中的位置和颜色匹配的像素，如图10-17所示。

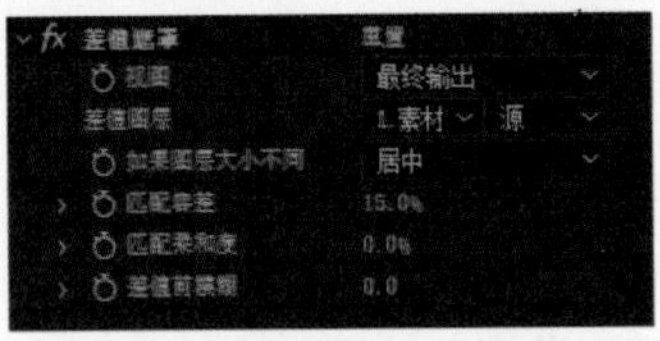

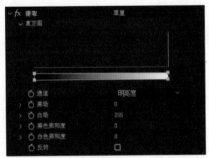

图10-17

※参数详解

**视图：** 设置图像的显示方式，提供了【最终输出】【仅限源】【仅限遮罩】3种方式可供用户选择。

**差值图层：** 用于设定对比差异所参考的图层。

**如果图层大小不同：** 对差异图层和源图层的尺寸进行调整匹配，有【居中】和【伸缩以适合】两种模式。

**匹配容差：** 用于设置差异图层和源图层之间的颜色匹配程度。数值越大，透明度越高；数值越小，透明度越低。

**匹配柔和度：** 用于设置透明区域与不透明区域的柔和度。

**差值前模糊：** 用于对图像进行差值比较前的模糊处理，通过模糊来抑制杂色，不会影响最终输出的清晰度。

## 10.2.7　提取

【提取】一般用于图像中黑白反差较为明显、前景和背景反差较大的素材，可以指定抠除的亮度范围，如图10-18所示。

※参数详解

**通道：** 用于对图像中的通道进行选择，提供了【明亮度】【红色】【绿色】【蓝色】【Alpha】5种模式。【明亮度】可以抠除画面中的亮部区域和暗部区域，【红色】【绿色】【蓝色】【Alpha】可以创建特殊的视觉效果。

图10-18

**黑场：** 用于调节图像中黑色所占比例，小于黑色部分的数值将变成透明。

**白场：** 用于调节图像中白色所占比例，大于白色部分的数值将变成透明。

**黑色柔和度：** 用于调节图像中暗色区域的柔和度。

**白色柔和度：** 用于调节图像中亮色区域的柔和度。

**反转：** 反转透明区域。

## 10.2.8　内部/外部键

使用【内部/外部键】需要创建遮罩来定义图像的边缘内部和外部，通过自动计算来实现抠除区域的效果，如图10-19所示。

※参数详解

**前景(内部)：** 用于对图像的前景进行设定，在这一选项内的素材将作为整体图像的前景使用。

**其他前景：** 用于指定更多的前景。

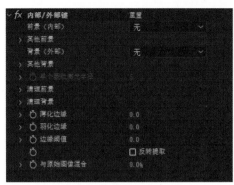

**背景(外部)：**用于对图像的背景进行设定，在这一选项内的素材将作为整体图像的背景使用。

**其他背景：**用于指定更多的背景。

**单个蒙版高光半径：**当只有一个蒙版时，用于控制蒙版周围的边界大小。

**清理前景：**用于清除图像的前景。

**清理背景：**用于清除图像的背景。

**薄化边缘：**用于对图像边缘的厚度进行设定。

**羽化边缘：**用于对图像边缘进行羽化。

图10-19

**边缘阈值：**用于对图像边缘容差值大小进行设定。

**反转提取：**勾选该复选框，将对前景和背景进行反转。

**与原始图像混合：**用于对效果和原始图像的混合数值进行调整。当数值为100%时，则会只显示原始图像。

---

**※技巧※**

使用【内部/外部键】时，绘制的蒙版不需要完全贴合对象的边缘，遮罩的模式需要设置为"无"。

---

## 【练习10-4】：内部/外部键抠像

**素材文件：**实例文件/第10章/练习10-4

**效果文件：**实例文件/第10章/练习10-4/内部或外部键抠像.aep

**视频教学：**多媒体教学/第10章/内部或外部键抠像.avi

**技术要点：**内部/外部键抠像

教学视频

**1** 双击【项目】面板，打开"内部或外部键抠像.aep"，如图10-20所示。

**2** 选择"素材.jpg"图层，使用钢笔工具沿图像边缘绘制闭合路径(前景)，将【蒙版1】模式修改为"无"，效果如图10-21所示。

图10-20

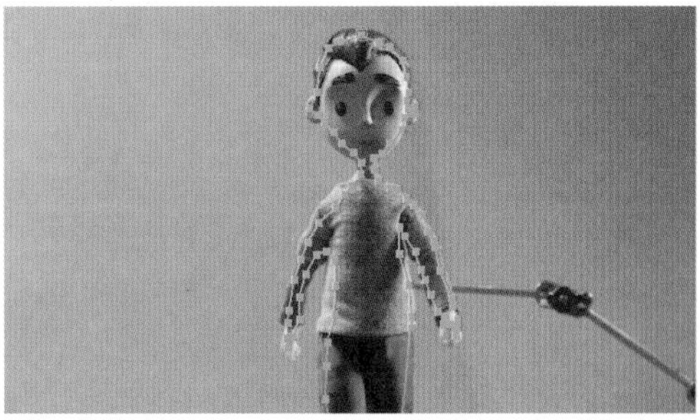

图10-21

**3** 选择"素材.jpg"图层，继续使用钢笔工具沿图像边缘绘制闭合路径(背景)，将【蒙版2】模式修改为"无"，效果如图10-22所示。

**4** 选择"素材.jpg"图层，在【时间轴】面板中单击鼠标右键，在弹出的菜单中选择【效果】>【抠像】>【内部/外部键】命令，在【效果控件】面板中，设置【前景(内部)】为"蒙版1"，【背景(外部)】为"蒙版2"，如图10-23所示。

图10-22

图10-23

## 10.2.9　Advanced Spill Suppressor

　　【Advanced Spill Suppressor】不是用来抠像的，而是对抠像后的素材边缘颜色进行调整。通常情况下，抠像完成的素材在边缘位置会受到周围环境的影响，【Advanced Spill Suppressor】可以从图像中移除主色的痕迹，如图10-24所示。

图10-24

　　※参数详解

　　**方法：**分为【标准】和【极致】。【标准】方法比较简单，可自动检测主要抠像颜色；【极致】方法基于 Premiere Pro 中的【极致键】效果的溢出抑制。

　　**抑制：**用于控制抑制颜色的强度。

## 10.2.10　CC Simple Wire Removal

　　【CC Simple Wire Removal】主要用于抠除拍摄中的金属丝，具体参数如图10-25所示。

图10-25

　　※参数详解

　　**Point A(A点)：**设置A点的位置。

　　**Point B(B点)：**设置B点的位置，通过A点和B点的位置共同定义需要擦除的线条。

　　**Removal Style(移除风格)：**移除风格一共有4个选项，默认选项为Displace(置换)。Displace(置换)和Displace Horizontal(水平置换)通过原图像中的像素信息，设置镜像混合的程度来进行金属丝的移除。Fade(衰减)只能通过设置厚度与倾斜参数进行调整。Frame Offset(帧偏移)是通过相邻帧的像素信息进行移除。

　　**Thickness(厚度)：**用于设置擦除线段的厚度。

　　**Slope(倾斜)：**用于设置擦除点之间的像素替换比率。数值越大，移除效果越明显。

**Mirror Blend(镜像混合)：** 用于设置镜像混合的程度。

**Frame Offset(帧偏移)：** 设置帧偏移的量，数值调整范围为-120~120。

在使用【CC Simple Wire Removal】进行金属丝移除时，如果画面中有多条金属丝，就需要多次添加【CC Simple Wire Removal】，重新设置移除选项，才能够完成画面的清理工作。

## 10.2.11　Keylight(1.2)

对于较早的After Effects用户来说，Keylight(1.2)是针对After Effects平台的一款外置抠像插件，用户需要专门安装才可以使用。随着After Effects的版本升级，Keylight(1.2)被整合进来，用户可以直接调用。Keylight(1.2)的参数相对复杂，但非常擅长处理反射、半透明区域和头发。在After Effects 2022中，执行【效果】>【Keying】>【Keylight(1.2)】命令，可以找到该效果，如图10-26所示。

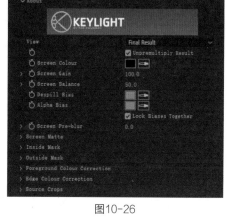

图10-26

※**参数详解**

**View(视图)：** 用于设置图像在【合成】面板中的显示方式，一共提供了11种显示方式，如图10-27所示。

**Unpremultiply Result(非预乘结果)：** 使用预乘通道时，透明度信息不仅存储在Alpha通道中，也存储在可见的RGB通道中，后者乘以一个背景颜色，半透明区域的颜色偏向于背景颜色。勾选该复选框，图像为不带Alpha通道的显示方式。

**Screen Colour(屏幕颜色)：** 用于设定需要抠除的颜色。用户可以通过吸管工具直接对需要去除背景的图层颜色进行取样。

**Screen Gain(屏幕增益)：** 用于设定抠除效果的强弱。数值越大，抠除的程度越大。

图10-27

**Screen Balance(屏幕均衡)：** 用于控制色调的均衡程度。数值越大，屏幕颜色的饱和度越高。

**Despill Bias(反溢出偏差)：** 用于控制前景边缘的颜色溢出。

**Alpha Bias(Alpha偏差)：** 使Alpha通道向某一类颜色偏移。在多数情况下，不用单独调节。

> ※**提示**※
>
> 　　一般情况下，Despill Bias(反溢出偏差)与Alpha Bias(Alpha偏差)为锁定状态，调节其中的任意参数，另一个参数也会发生改变。通过取消勾选Lock Biases Together(同时锁定偏差)复选框可以解除关联状态。

**Screen Pre-blur(屏幕预模糊)：** 在进行图像抠除之前先对画面进行模糊处理。数值越大，模糊程度越高。一般用于抑制画面的噪点。

**Screen Matter(屏幕蒙版)：** 用于微调蒙版参数，更为精确地控制颜色抠除的范围，如图10-28所示。

Clip Black(消减黑色)：设置蒙版中黑色像素

图10-28

的起点值。适当地提高该数值，可以增大背景图像的抠除区域。

Clip White(消减白色)：设置蒙版中白色像素的起点值。适当地降低该数值，可以调整图像保留区域的范围。

Clip Rollback(消减回滚)：在使用消减黑色/白色对图像保留区域进行调整时，通过Clip Rollback(消减回滚)可以恢复消减部分的图像，这对于找回保留区域的细节像素是非常有用的。

Screen Shrink/Grow(屏幕收缩/扩展)：用于设置蒙版的范围。减小数值为收缩蒙版的范围，增大数值为扩大蒙版的范围。

Screen Softness(屏幕柔化)：用于对蒙版进行模糊处理。数值越大，柔化效果越明显。

Screen Despot Black(屏幕独占黑色)：当白色区域有少许黑点或者灰点的时候(即透明和半透明区域)，调节此参数可以去除那些黑点和灰点。

Screen Despot White(屏幕独占白色)：当黑色区域有少许白点或者灰点的时候(即不透明和半透明区域)，调节此参数可以去除那些白点和灰点。

Replace Method(替换方式)：用于设置溢出边缘区域颜色的替换方式。

Replace Colour(替换颜色)：用于设置溢出边缘区域颜色的补救颜色。

**Inside Mask(内侧遮罩)：**用于建立遮罩作为保留的区域，可以隔离前景。对于前景图像中包含背景颜色的素材，可以起到保护的作用，如图10-29所示。

Inside Mask(内侧遮罩)：选择保留区域的遮罩。

图10-29

Inside Mask Softness(内侧遮罩柔化)：设置遮罩的柔化程度。

Invert(反转)：反转遮罩的方向。

Replace Method(替换方式)：用于设置溢出边缘区域颜色的替换方式，共有4种模式。

Replace Colour(替换颜色)：用于设置溢出边缘区域颜色的补救颜色。

Source Alpha(源 Alpha)：用于设置如何处理图像中自带的Alpha通道信息，共有3种模式。

**Outside Mask(外侧遮罩)：**用于建立遮罩作为抠除的区域，对于背景复杂的素材可以建立外侧遮罩以指定背景像素，如图10-30所示。

Outside Mask(外侧遮罩)：选择抠除区域的遮罩。

图10-30

Outside Mask Softness(外侧遮罩柔化)：设置遮罩的柔化程度。

Invert(反转)：反转遮罩的方向。

**Foreground Colour Correction(前景颜色校正)：**用于调整前景的颜色，包括【饱和度】【对比度】【亮度】【颜色控制】【颜色平衡】。

**Edge Colour Correction(边缘色校正)：**用于调整蒙版边缘的颜色和范围。

**Source Crops(源裁剪)：**用于源素材的修剪，可通过选项中的参数裁剪画面。

# 10.3　综合实战：动画镜头合成

**素材文件：** 实例文件/第10章/综合实战
**效果文件：** 实例文件/第10章/综合实战/动画镜头合成.aep
**视频教学：** 多媒体教学/动画镜头合成.avi
**技术要点：** 抠像技术的综合应用

教学视频

本案例主要是对定格动画素材进行抠像技术处理并合成片段效果，如图10-31所示。

**1** 双击【项目】面板，导入"合成1"序列，以素材大小创建合成，如图10-32所示。

**2** 选择"合成1"序列图层，在【时间轴】面板中单击鼠标右键，在弹出的菜单中选择【效果】>【Keying】>【Keylight(1.2)】命令，使用吸管工具吸取背景颜色，将View显示为Screen Matte，效果如图10-33所示。

**3** 在【效果控件】面板中，调整Screen Matte选项组下的具体参数。设置Clip Black为55，Clip White为61，如图10-34所示。

图10-31

图10-32

图10-33

图10-34

**4** 选择"合成1"序列图层，将【当前时间指示器】移动至0:00:00:00位置，使用钢笔工具绘制蒙版并勾选【反转】复选框，去除多余的支撑骨架，如图10-35所示。

**5** 激活"蒙版1"中【蒙版路径】属性的【时间变化秒表】按钮，将【当前时间指示器】移动至

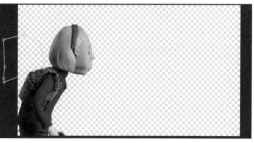

图10-35

0:00:00:01位置，调整蒙版路径的形态，如图10-36所示。

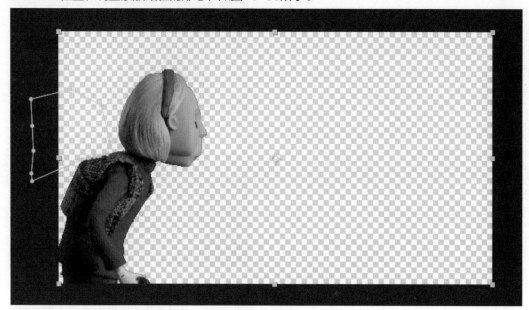

图10-36

6 使用相同的方法逐帧检查并完成支撑骨架的抠除操作，对于移动速度较慢或不变的地方可以省去部分关键帧，如图10-37所示。

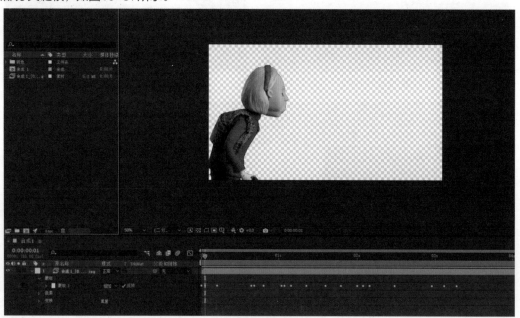

图10-37

7 双击【项目】面板，导入"背景.jpg"素材并放置在合成底部，如图10-38所示。

8 在【时间轴】面板单击鼠标右键，在弹出的菜单中选择【新建】>【纯色】命令，在【纯色设置】对话框中，设置【名称】为"光源"，【颜色】为(R:255,G:126,B:0)，如图10-39所示。

图10-38

图10-39

**9** 在【时间轴】面板中选择"光源"图层，将混合模式修改为"亮光"，效果如图10-40所示。

**10** 在【时间轴】面板中选择"光源"图层，将【不透明度】修改为21%，效果如图10-41所示。

图10-40

图10-41

**11** 选择"光源"图层，在【合成】面板中使用钢笔工具绘制蒙版，如图10-42所示。

图10-42

**12** 选择"光源"图层，在【时间轴】面板中将【蒙版羽化】修改为(270,270)，效果如图10-43所示。

**13** 选择"合成1"图层，执行【效果】>【颜色校正】>【曲线】命令，在【效果控件】面板中，调整曲线形状，如图10-44所示。

图10-43

图10-44

至此，本案例制作完毕，按小键盘上的数字键0，预览最终效果。

# 第11章
## 商业案例实战

- 定格动画镜头合成
- 水墨风格动画制作
- 赛博朋克风格动画制作

本章将通过3个案例贯穿整个动画后期的制作过程，从前期的素材整理到后期的合成、特效的应用，全面地讲解After Effects在后期合成中的应用。

# 11.1　定格动画镜头合成

**素材文件：**实例文件/第11章/定格动画镜头合成
**效果文件：**实例文件/第11章/定格动画镜头合成/定格动画镜头合成.aep
**视频教学：**多媒体教学/第11章/定格动画镜头合成.avi

教学视频

**技术要点：**动画片段合成的综合应用

定格动画是通过逐格拍摄对象然后使之连续放映，从而生成有生命力的角色。在定格动画的制作过程中，后期合成的工作尤为重要。本案例通过4个镜头详细讲解定格动画的后期合成方法，如图11-1所示。

图11-1

## 11.1.1　抠像处理

**1** 双击【项目】面板，导入"镜头01"序列，以素材大小创建合成，如图11-2所示。

**2** 修改合成名称为"镜头01"，选择"1"序列图层，在【时间轴】面板中单击鼠标右键，在弹出的菜单中选择【效果】>【Keying】>【Keylight(1.2)】命令，使用吸管工具吸取背景颜色，将View显示为Screen Matte，效果如图11-3所示。

图11-2

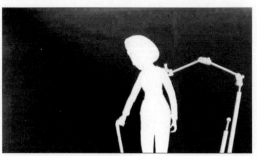

图11-3

**3** 在【效果控件】面板中，调整Screen Matte参数组下的具体设置。设置Clip Black为50，Clip White为87，如图11-4所示。

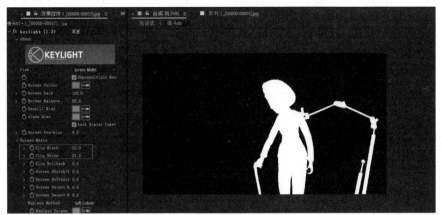

图11-4

**4** 选择"1"序列图层，将【当前时间指示器】移动至0:00:00:00位置，使用钢笔工具绘制蒙版并勾选【反转】复选框，去除多余的支撑骨架，效果如图11-5所示。

**5** 双击【项目】面板，导入"背景1.jpg"素材并放置在合成底部。执行【效果】>【颜色校正】>【色相/饱和度】命令在【效果控件】面板中，设置【通道控制】为"绿色"，【绿色色相】为0×-64°；设置【通道控制】为"蓝色"，【蓝色饱和度】为-64，效果如图11-6所示。

图11-5

图11-6

**6** 双击【项目】面板，导入"镜头02"序列，以素材大小创建合成，如图11-7所示。

**7** 修改合成名称为"镜头02"，选择"1"序列图层，在【时间轴】面板中单击鼠标右键，在弹出的菜单中选择【效果】>【Keying】>【Keylight(1.2)】命令，使用吸管工具吸取背景颜色，将View显示为Screen Matte，效果如图11-8所示。

图11-7

图11-8

**8** 在【效果控件】面板中，调整Screen Matte参数组下的具体设置。设置Clip Black为29，Clip White为63，如图11-9所示。

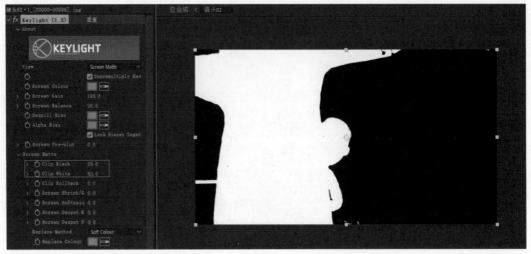

图11-9

9 选择"1"序列图层，将【当前时间指示器】移动至0:00:00:00位置，使用钢笔工具绘制蒙版并勾选【反转】复选框，去除多余的支撑骨架，效果如图11-10所示。

10 双击【项目】面板，导入"背景2.jpg"素材并放置在合成底部，如图11-11所示。

图11-10

图11-11

11 选择"背景2"图层，执行【效果】>【模糊和锐化】>【快速方框模糊】命令，在【效果控件】面板中，设置【模糊半径】为4，勾选【重复边缘像素】复选框，如图11-12所示。

图11-12

12 双击【项目】面板，导入"镜头03"序列，以素材大小创建合成，如图11-13所示。

**13** 修改合成名称为"镜头03"，选择"1"序列图层，在【时间轴】面板中单击鼠标右键，在弹出的菜单中选择【效果】>【抠像】>【Keylight(1.2)】命令，使用吸管工具吸取背景颜色，将View显示为Screen Matte，效果如图11-14所示。

图11-13

图11-14

**14** 在【效果控件】面板中，调整Screen Matte参数组下的具体设置。设置Clip Black为28，Clip White为61，如图11-15所示。

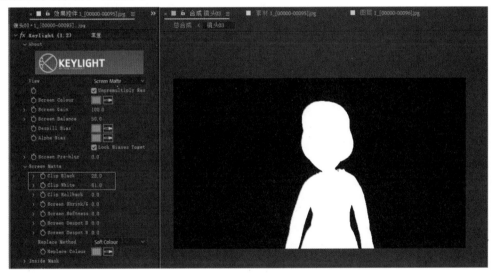

图11-15

**15** 双击【项目】面板，导入"背景1.jpg"素材并放置在合成底部，设置【缩放】为(134,134%)，【位置】为(452,332)。执行【效果】>【颜色校正】>【色相/饱和度】命令。在【效果控件】面板中，设置【通道控制】为"绿色"，【绿色色相】为0×-64°；设置【通道控制】为"蓝色"，【蓝色饱和度】为-6，效果如图11-16所示。

**16** 双击【项目】面板，导入"镜头04"序列，以素材大小创建合成，如图11-17所示。

图11-16

图11-17

**17** 修改合成名称为"镜头04"，选择"1"序列图层，在【时间轴】面板中单击鼠标右键，在弹出的菜单中选择【效果】>【Keying】>【Keylight(1.2)】命令，使用吸管工具吸取背景颜色，将View显示为Screen Matte，效果如图11-18所示。

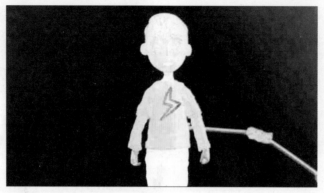

图11-18

**18** 在【效果控件】面板中，调整Screen Matte参数组下的具体设置。设置Clip Black为28，Clip White为55，如图11-19所示。

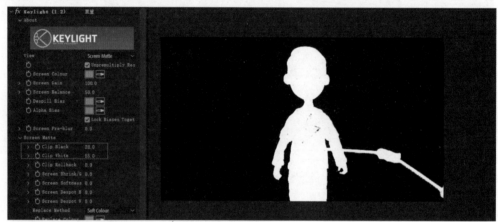

图11-19

**19** 选择"1"序列图层，将【当前时间指示器】移动至0:00:00:00位置，使用钢笔工具绘制蒙版，将"蒙版1"模式设置为"无"，在【效果控件】面板中，设置Inside Mask为"蒙版1"，Inside Mask Softness为22.4，如图11-20所示。

图11-20

**20** 选择"1"序列图层，将【当前时间指示器】移动至0:00:00:00位置，使用钢笔工具绘制蒙版并勾选【反转】复选框，去除多余的支撑骨架。激活"蒙版2"中【蒙版路径】属性的【时间变化秒表】按钮，将【当前时间指示器】逐帧移动，调整蒙版路径的形态，如图11-21所示。

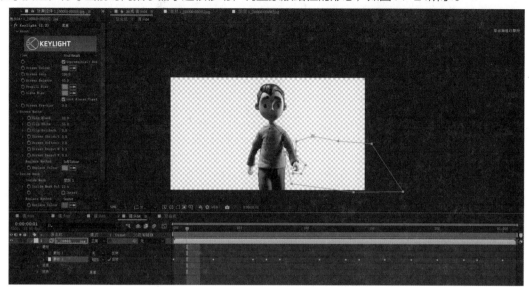

图11-21

**21** 双击【项目】面板，导入"背景1.jpg"素材并放置在合成底部，设置【缩放】为(139,139%)，【位置】为(400,230)。执行【效果】>【颜色校正】>【色相/饱和度】命令。在【效果控件】面板中，设置【通道控制】为"绿色"，【绿色色相】为0×-64°；设置【通道控制】为"蓝色"，【蓝色饱和度】为-6，效果如图11-22所示。

图11-22

## 11.1.2　镜头合成

**1** 在【项目】面板中选择"镜头1"至"镜头4"，拖曳至【新建合成】图标，在【基于所选项新建合成】对话框中选择【单个合成】单选按钮，勾选【序列图层】复选框，如图11-23所示。

**2** 执行【合成】>【合成设置】命令，将名称设置为"总合成"，如图11-24所示。

图11-23　　　　　　　　　　　　　　　　　　　　图11-24

**3** 在【时间轴】面板中单击鼠标右键，在弹出的菜单中选择【新建】>【纯色】命令，在【纯色设置】对话框中，设置【名称】为"光源"，【颜色】为(R:255,G:126,B:0)，如图11-25所示。

**4** 在【时间轴】面板中选择"光源"图层，将混合模式修改为"亮光"，效果如图11-26所示。

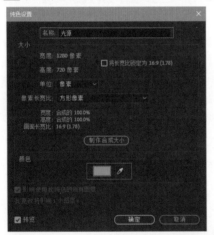

图11-25　　　　　　　　　　　　　　　　　　　图11-26

**5** 在【时间轴】面板中选择"光源"图层，将【不透明度】修改为13%，效果如图11-27所示。

图11-27

**6** 选择"光源"图层，在【合成】面板中使用钢笔工具绘制蒙版，如图11-28所示。

图11-28

**7** 选择"光源"图层，在【时间轴】面板中将【蒙版羽化】修改为(199,199)，效果如图11-29所示。

图11-29

**8** 在【时间轴】面板中单击鼠标右键，在弹出的菜单中选择【新建】>【调整图层】命令，创建"调整图层1"图层。

**9** 选择"调整图层1"图层，执行【效果】>【颜色校正】>【曲线】命令，在【效果控件】面板中调整曲线形态，如图11-30所示。

图11-30

至此，本案例制作完毕，按小键盘上的数字键0，预览最终效果。

## 11.2　水墨风格动画制作

教学视频1　　　　教学视频2

**素材文件：** 实例文件/第11章/水墨风格动画

**案例文件：** 实例文件/第11章/水墨风格动画/水墨风格动画.aep

**视频教学：** 多媒体教学/第11章/水墨风格动画/水墨风格动画.mp4

**技术要点：** 水墨风格动画的综合应用

本案例通过将原始素材处理成水墨效果，配合动态序列素材，详细地介绍水墨风格动画的制作过程，如图11-31所示。

图11-31

### 11.2.1　搭建三维空间场景

**1** 双击【项目】面板，导入"场景素材.psd"素材，将【导入种类】设置为"合成"，如图11-32所示。

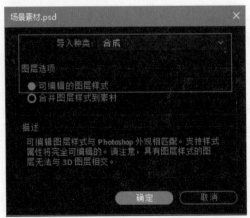

图11-32

**2** 选择"场景素材"合成，执行【合成】>【合成设置】命令，将名称设置为"水墨风格动画"，持续时间为0:00:15:00，效果如图11-33所示。

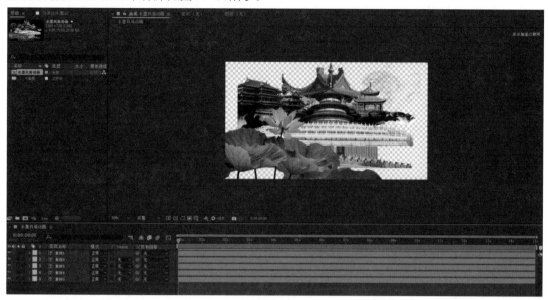

图11-33

**3** 选择所有图层，将合成中的图层转换为3D图层，如图11-34所示。

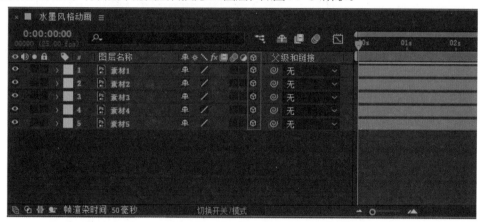

图11-34

**4** 选择"素材2"图层，将【位置】设置为(1156,233,758)，如图11-35所示。

图11-35

**5** 选择"素材3"图层,将【位置】设置为(2445,281,925),如图11-36所示。

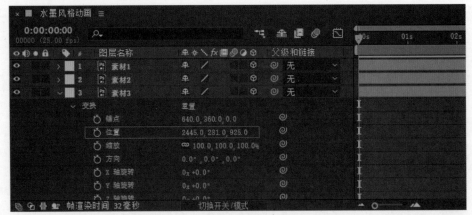

图11-36

**6** 选择"素材4"图层,将【位置】设置为(3176,430,2092),如图11-37所示。

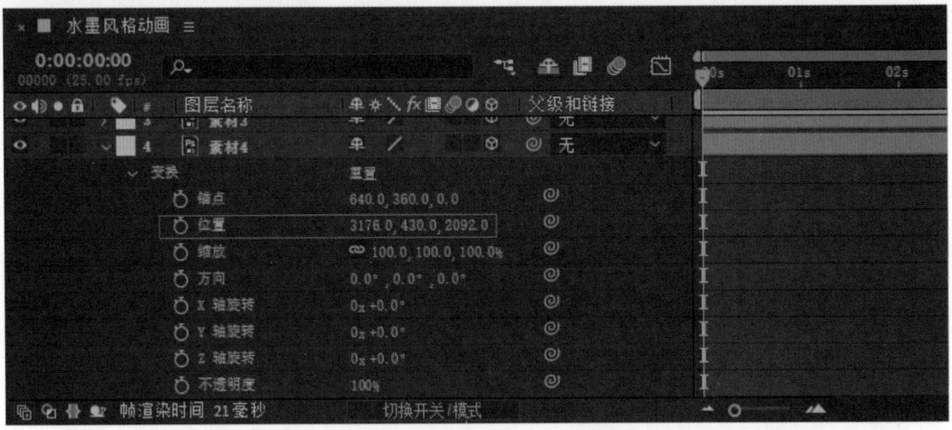

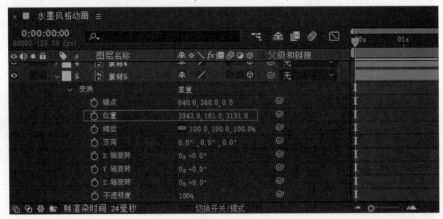

图11-37

**7** 选择"素材5"图层,将【位置】设置为(3843,161,3151),如图11-38所示。

图11-38

**8** 双击【项目】面板,导入"背景.jpg"素材,将素材拖动至合成底部。选择"背景.jpg"图层,将【缩放】设置为(16,16%),效果如图11-39所示。

图11-39

**9** 双击【项目】面板，导入"群山.jpg"素材，将素材拖动至"背景.jpg"图层上方。将"群山.jpg"图层转换为3D图层，将【缩放】设置为(787,787,787%)，【位置】设置为(640,360,4000)，如图11-40所示。

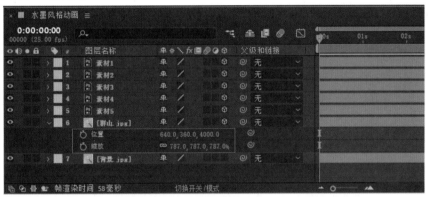

图11-40

**10** 选择"群山.jpg"图层，修改图层混合模式为"相乘"，效果如图11-41所示。

图11-41

## 11.2.2　水墨风格转换

**1** 选择"素材1"图层，执行【图层】>【预合成】命令，在【预合成】对话框中，选择【保留"水墨风格动画"中的所有属性】单选按钮，如图11-42所示。

**2** 在【项目】面板中双击"素材1"，在【时间轴】面板中，选择"素材1/场景素材.psd"图层，执行【效果】>【颜色校正】>【色相/饱和度】命令，在【效果控件】面板中，设置【主饱和度】为-92，如图11-43所示。

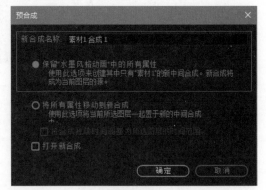

图11-42

图11-43

**3** 选择"素材1/场景素材.psd"图层，执行【效果】>【颜色校正】>【曲线】命令，在【效果控件】面板中，设置曲线形态，如图11-44所示。

图11-44

**4** 选择"素材1/场景素材.psd"图层，执行【效果】>【杂色和颗粒】>【中间值(旧版)】命令，在【效果控件】面板中，设置【半径】为4，如图11-45所示。

图11-45

**5** 选择"素材1/场景素材.psd"图层，执行【效果】>【模糊和锐化】>【快速方框模糊】命令，在【效果控件】面板中，设置【模糊半径】为4，【迭代】为1，如图11-46所示。

图11-46

**6** 选择"素材1/场景素材.psd"图层，执行【编辑】>【重复】命令，在【效果控件】面板中，将复制图层的【中间值(旧版)】效果和【快速方框模糊】效果删除，执行【效果】>【风格化】>【查找边缘】命令，将【与原始图像混合】设置为73%，如图11-47所示。

图11-47

**7** 选择复制图层,执行【效果】>【风格化】>【发光】命令,在【效果控件】面板中,设置【发光阈值】为90%,【发光半径】为22,【发光强度】为0.5,如图11-48所示。

图11-48

**8** 选择复制图层,将混合模式修改为"相乘",图层【不透明度】设置为73%,如图11-49所示。

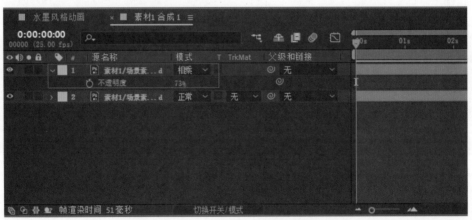

图11-49

**9** 选择"素材2"图层,执行【图层】>【预合成】命令,在【预合成】对话框中,选择【保留"水墨风格动画"中的所有属性】单选按钮,如图11-50所示。

**10** 在【项目】面板中双击"素材2",在【时间轴】面板中,选择"素材2/场景素材.psd"图层,执行【效果】>【颜色校正】>【色相/饱和度】命令,在【效果控件】面板中,设置【主饱和度】为-80,如图11-51所示。

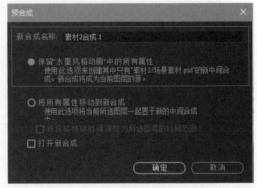

图11-50

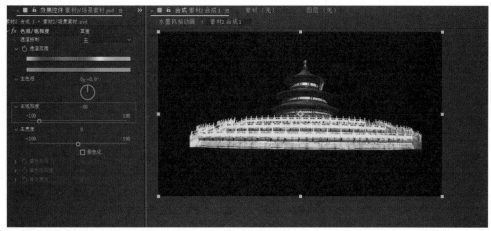

图11-51

**11** 选择"素材2/场景素材.psd"图层,执行【效果】>【颜色校正】>【曲线】命令,在【效果控件】面板中,设置曲线形态,如图11-52所示。

图11-52

**12** 选择"素材2/场景素材.psd"图层,执行【效果】>【杂色和颗粒】>【中间值(旧版)】命令,在【效果控件】面板中,设置【半径】为3,如图11-53所示。

图11-53

**13** 选择"素材2/场景素材.psd"图层,执行【效果】>【模糊和锐化】>【快速方框模糊】命令,在【效果控件】面板中,设置【模糊半径】为3,【迭代】为1,如图11-54所示。

图11-54

**14** 选择"素材2/场景素材.psd"图层,执行【编辑】>【重复】命令,在【效果控件】面板中,将复制图层的【中间值(旧版)】效果和【快速方框模糊】效果删除,执行【效果】>【风格化】>【查找边缘】命令,将【与原始图像混合】设置为70%,如图11-55所示。

图11-55

**15** 选择复制图层,执行【效果】>【风格化】>【发光】命令,在【效果控件】面板中,设置【发光阈值】为93%,【发光半径】为22,【发光强度】为0.5,如图11-56所示。

**16** 选择复制图层,将混合模式修改为"相乘",图层【不透明度】设置为68%。使用相同方法,完成"素材3""素材4""素材5"的制作,效果如图11-57所示。

图11-56

图11-57

**17** 在"水墨风格动画"合成中，在【时间轴】面板中单击鼠标右键，在弹出的菜单中选择【新建】>【摄像机】命令，使用预设【35毫米】摄像机，如图11-58所示。

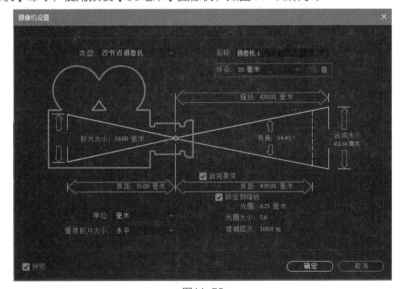

图11-58

## 11.2.3 水墨动画制作

**1** 将【当前时间指示器】移动至第0:00:00:00位置，激活【目标点】和【位置】属性的【时间变化秒表】按钮，将【目标点】设置为(652,231,5000)，【位置】设置为(897,250,-1499)，如

图11-59所示。

图11-59

**2** 将【当前时间指示器】移动至第0:00:09:03位置,将【目标点】设置为(4827,206,5000),【位置】设置为(4827,206,1883),如图11-60所示。

图11-60

**3** 双击【项目】面板,导入"smoke"文件夹中的素材序列,勾选【PNG序列】复选框,如图11-61所示。

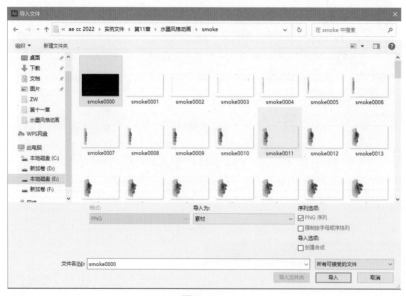

图11-61

**4** 将"smoke"序列素材拖动至"水墨风格动画"合成中，调整位置于"素材2"图层上方，如图11-62所示。

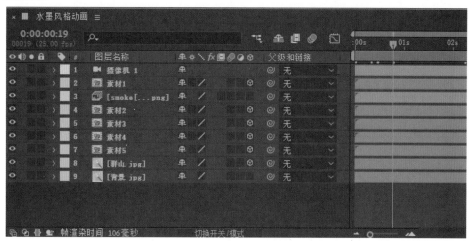

图11-62

**5** 选择"smoke"序列图层，执行【图层】>【预合成】命令，在【预合成】对话框中，将合成名称设置为"烟雾遮罩"，选择【将所有属性移动到新合成】单选按钮，如图11-63所示。

**6** 双击"烟雾遮罩"合成，在【时间轴】面板中选择"smoke"序列图层，执行【效果】>【颜色校正】>【色阶】命令，将【输出白色】设置为2000，如图11-64所示。

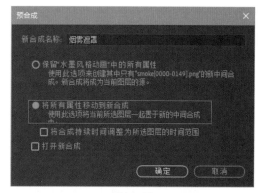

图11-63

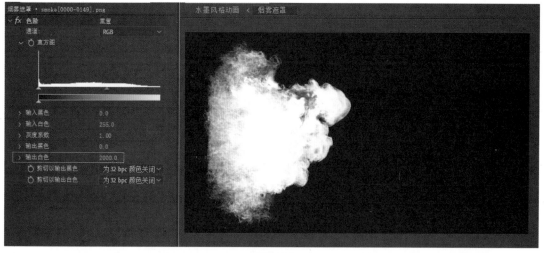

图11-64

**7** 在"水墨风格动画"合成中选择"烟雾遮罩"图层，执行【编辑】>【重复】命令4次，分别重命名所有烟雾遮罩图层名称为"素材2遮罩""素材3遮罩""素材4遮罩""素材5遮罩"，如

图11-65所示。

图11-65

**8** 选择"素材2遮罩"图层，拖动至"素材2"图层上方，将【位置】设置为(862,356)，【缩放】设置为(145,145%)，如图11-66所示。

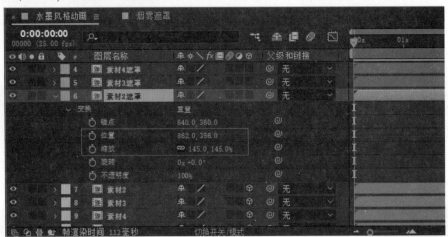

图11-66

**9** 选择"素材2"图层，执行【图层】>【跟踪遮罩】>【亮度遮罩】命令，如图11-67所示。

图11-67

10 选择"素材3遮罩"图层，拖动至"素材3"图层上方，将【入点时间】设置为0:00:01:13，【位置】设置为(1282,336)，【缩放】设置为(190,190%)，如图11-68所示。

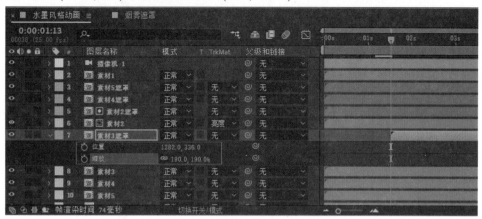

图11-68

11 选择"素材3"图层，执行【图层】>【跟踪遮罩】>【亮度遮罩】命令，如图11-69所示。

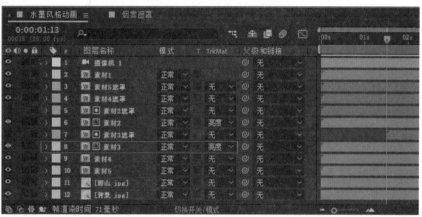

图11-69

12 选择"素材4遮罩"图层，拖动至"素材4"图层上方，将【入点时间】设置为0:00:03:04，【位置】设置为(1038,494)，【缩放】设置为(172,172%)，如图11-70所示。

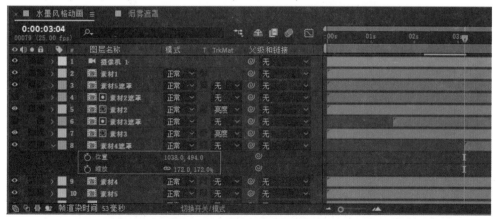

图11-70

13 选择"素材4"图层，执行【图层】>【跟踪遮罩】>【亮度遮罩】命令，如图11-71所示。

图11-71

**14** 选择"素材5遮罩"图层，拖动至"素材5"图层上方，将【入点时间】设置为0:00:06:10，【位置】设置为(668,352)，【缩放】设置为(170,170%)，如图11-72所示。

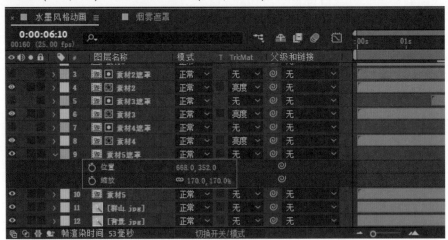

图11-72

**15** 选择"素材5"图层，执行【图层】>【跟踪遮罩】>【亮度遮罩】命令，如图11-73所示。

图11-73

**16** 选择摄像机图层上的所有关键帧，执行【动画】>【关键帧辅助】>【缓动】命令，如图11-74所示。

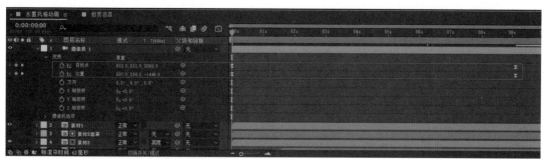

图11-74

### 11.2.4 落版制作

**1** 双击【项目】面板，导入"落版.psd"素材，将【导入种类】设置为"合成-保持图层大小"，如图11-75所示。

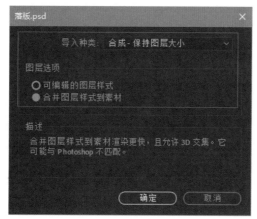

图11-75

**2** 在【项目】面板中双击"落版"合成，在"落版"合成中，选择"水墨中国"图层，将【当前时间指示器】移动至第0:00:00:00位置，激活【不透明度】属性的【时间变化秒表】按钮，将【不透明度】设置为0%，如图11-76所示。

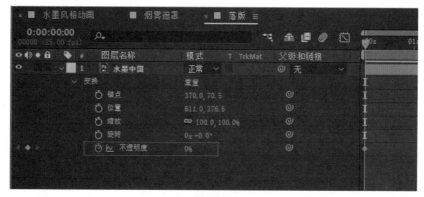

图11-76

**3** 选择"水墨中国"图层，将【当前时间指示器】移动至第0:00:01:00位置，将【不透明度】设置为99%,如图11-77所示。

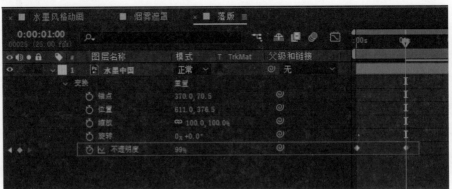

图11-77

**4** 选择"水墨中国"图层,执行【效果】>【模糊和锐化】>【高斯模糊】命令,将【当前时间指示器】移动至第0:00:00:00位置,激活【模糊度】属性的【时间变化秒表】按钮,将【模糊度】设置为100,如图11-78所示。

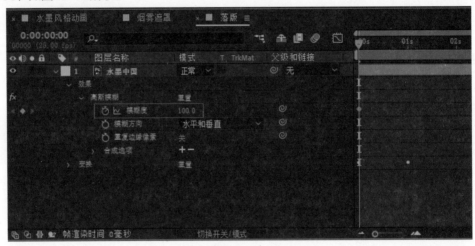

图11-78

**5** 选择"水墨中国"图层,将【当前时间指示器】移动至第0:00:03:00位置,将【模糊度】设置为0,如图11-79所示。

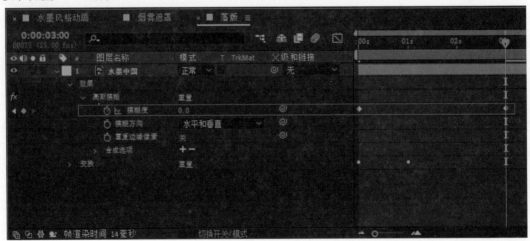

图11-79

6 选择"落版"合成，将"落版"合成拖动至"水墨风格动画"合成中，设置【入点时间】为0:00:08:02，如图11-80所示。

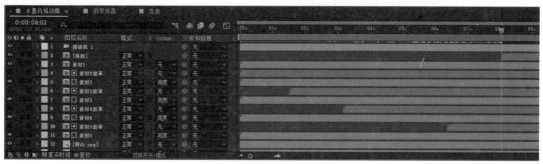

图11-80

7 双击【项目】面板，导入"龙"序列素材，将"龙"序列素材拖动至"水墨风格动画"合成中，如图11-81所示。

图11-81

8 选择"龙"序列素材，将【当前时间指示器】移动至第0:00:07:14位置，激活【不透明度】属性的【时间变化秒表】按钮，如图11-82所示。

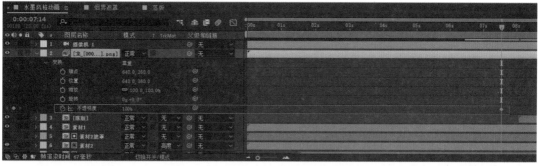

图11-82

9 选择"龙"序列素材，将【当前时间指示器】移动至第0:00:08:14位置，设置【不透明度】为0%，如图11-83所示。

图11-83

**10** 双击【项目】面板,导入"烟雾.mov"素材,将"烟雾.mov"拖动至"水墨风格动画"合成中,如图11-84所示。

图11-84

**11** 在【时间轴】面板中选择"烟雾.mov"图层,设置【位置】为(540,296),【缩放】为(80,80%),将【入点时间】设置为0:00:07:02,如图11-85所示。

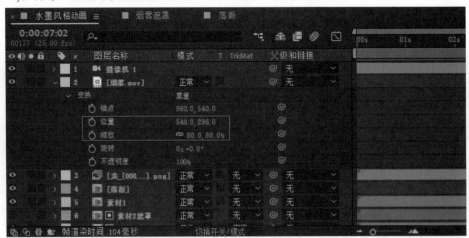

图11-85

**12** 在【时间轴】面板中选择"烟雾.mov"图层,执行【效果】>【颜色校正】>【色阶】命令,在【效果控件】面板中,将【输入黑色】设置为190,如图11-86所示。

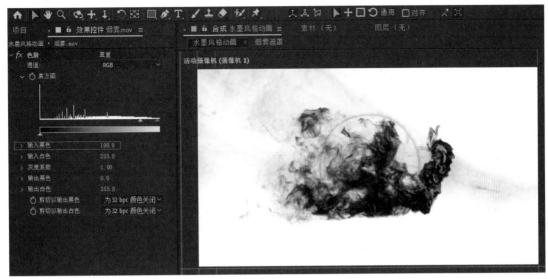

图11-86

## 11.2.5 整体调色

**1** 在"水墨风格动画"合成中，在【时间轴】面板中单击鼠标右键，执行【新建】>【调整图层】命令，选择"调整图层1"图层，执行【效果】>【颜色校正】>【曲线】命令，在【效果控件】面板中，设置曲线形态，如图11-87所示。

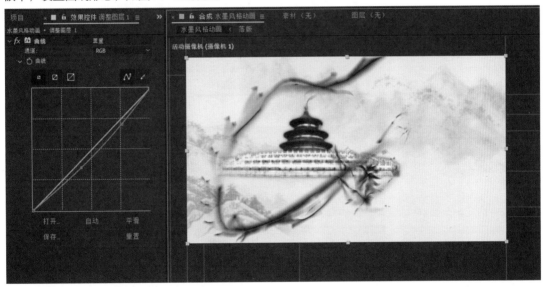

图11-87

**2** 在【时间轴】面板中单击鼠标右键，执行【新建】>【纯色】命令，将固态层重命名为"黑色蒙版"，颜色为黑色，如图11-88所示。

**3** 在【时间轴】面板中选择"黑色蒙版"图层，使用椭圆工具创建最大遮罩，如图11-89所示。

**4** 选择"蒙版1"，勾选【反转】复选框，设置【蒙版羽化】为(201,201像素)，效果如图11-90所示。

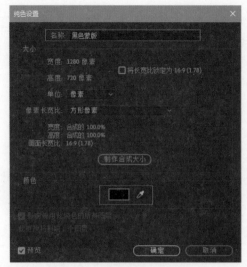

图11-88

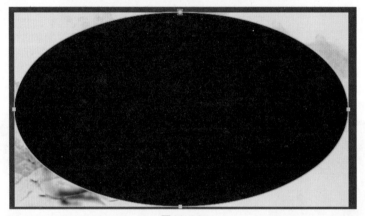

图11-89

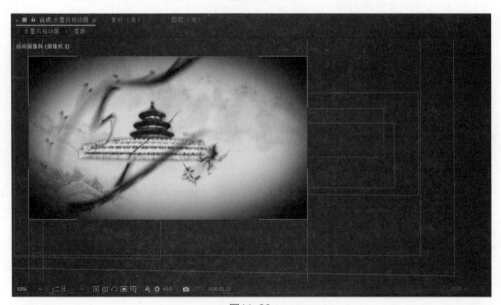

图11-90

**5** 选择"黑色蒙版"图层，将【不透明度】设置为29%，效果如图11-91所示。

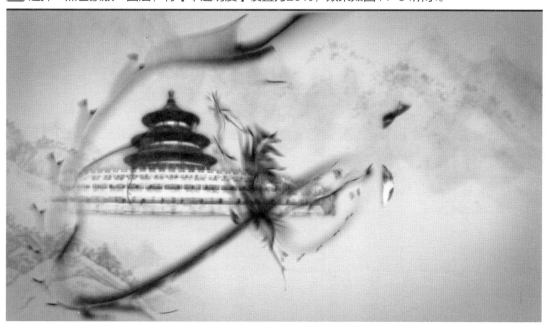

图11-91

**6** 双击【项目】面板，导入"背景音乐.mp3"文件，并将素材放置在"水墨风格动画"合成中，如图11-92所示。

图11-92

至此，本案例制作完毕，按小键盘的数字键0，预览最终效果。

# 11.3　赛博朋克风格动画制作

**素材文件：** 实例文件/第11章/赛博朋克风格案例
**案例文件：** 实例文件/第11章/赛博朋克风格案例/赛博朋克风格案例.aep
**视频教学：** 多媒体教学/第11章/赛博朋克风格案例/赛博朋克风格案例.mp4
**技术要点：** 赛博朋克风格动画的综合应用

教学视频

本案例通过将原始素材处理成赛博朋克效果，配合动态素材，详细地介绍赛博朋克风格动画的制作过程，如图11-93所示。

图11-93

■1 双击【项目】面板，导入"素材.mp4"素材，以素材大小创建合成，修改合成名称为"赛博朋克风格案例"，如图11-94所示。

图11-94

■2 选择"素材.mp4"图层，在【跟踪器】面板中单击【跟踪摄像机】命令，效果如图11-95所示。

图11-95

**3** 选择"素材.mp4"图层，在【效果控件】面板中选择【3D 摄像机跟踪器】效果，选择合适的跟踪点，单击鼠标右键，选择【创建实底和摄像机】命令，如图11-96所示。

图11-96

**4** 选择"跟踪实底 1"图层，重命名为"光线1"，将【缩放】调整为(1700,1700,1700)，如图11-97所示。

图11-97

**5** 选择"光线1"图层，使用钢笔工具沿建筑物边缘绘制路径，为便于观察绘制效果，可以暂时调低"光线1"图层的【不透明度】属性，如图11-98所示。

图11-98

**6** 选择"光线1"图层，执行【效果】>【Video Copilot】>【Saber】命令，为图层添加【Saber】效果，如图11-99所示。

图11-99

**7** 选择"光线1"图层，在
【效果控件】面板中，设置
Preset为(Neon)，Core Type
为(Layer Masks)，效果如
图11-100所示。

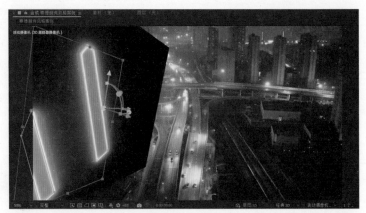

图11-100

**8** 选择"光线1"图层，在
【时间轴】面板中设置图层混
合模式为"相加"，效果如
图11-101所示。

图11-101

**9** 选择"光线1"图层，在【效果控件】面板中，设置Core Size为1.2，如图11-102所示。

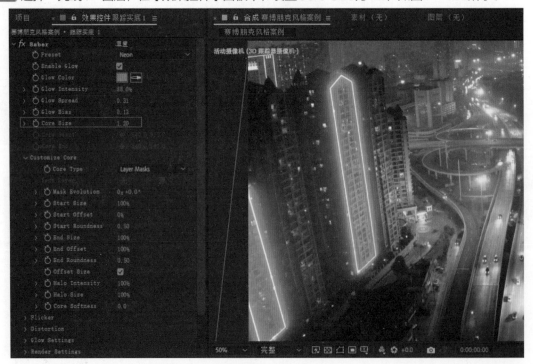

图11-102

10 选择"光线1"图层，在【效果控件】面板中，为Glow Intensity添加表达式wiggle(20,5)，如图11-103所示。

图11-103

11 选择"素材.mp4"图层，在【效果控件】面板中选择【3D摄像机跟踪器】效果，选择合适的跟踪点，单击鼠标右键，选择【创建实底】命令，如图11-104所示。

图11-104

12 双击【项目】面板，导入"素材1.mp4"文件，选择"跟踪实底1"图层，按住Alt键将【项目】面板中的"素材1.mp4"文件拖动到"跟踪实底1"图层上，效果如图11-105所示。

图11-105

13 选择"素材1.mp4"图层，设置【位置】为(25800,5000,28000)，【方向】为(18°,6°,2°)，【缩放】为(874,874,874%)，效果如图11-106所示。

图11-106

**14** 选择"素材1.mp4"图层,在【时间轴】面板中设置图层混合模式为"相加",效果如图11-107所示。

图11-107

**15** 将【当前时间指示器】移动至第0:00:00:00位置,选择"素材1.mp4"图层,激活【Y轴旋转】属性的【时间变化秒表】按钮,如图11-108所示。

图11-108

**16** 将【当前时间指示器】移动至第0:00:05:00位置,选择"素材1.mp4"图层,将【Y轴旋转】设置为2x+0.0°,如图11-109所示。

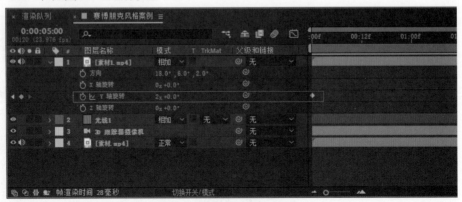

图11-109

**17** 使用相同的方法，为合成中添加素材，如图11-110所示。

图11-110

**18** 选择"素材"图层，执行【效果】>【颜色校正】>【Lumetri 颜色】命令，设置【色温】为-45，【色调】为69，【曝光度】为-1，【对比度】为13，【高光】为-7，【阴影】为-20，如图11-111所示。

图11-111

**19** 选择"素材"图层，执行【效果】>【颜色校正】>【色相/饱和度】命令，在【通道控制】中，设置【蓝色饱和度】为14，【蓝色亮度】为-10，如图11-112所示。

**20** 在【通道控制】中，设置【洋红饱和度】为64，【洋红亮度】为-28，如图11-113所示。

**21** 在【通道控制】中，设置【蓝色色相】为-19，【洋红色相】为7，如图11-114所示。

图11-112

图11-113

图11-114

至此,本案例制作完毕,按小键盘的数字键0,预览最终效果。

# 考试题库

一、单项选择题: 在每小题的备选答案中选出一个正确答案，并将正确答案的代码填在题干上的括号内。

1. 在每个项目或合成的流程图中可以( )。
   A. 转换为模板项目　　　　　　　　　　B. 导入项目
   C. 显示现有关系　　　　　　　　　　　D. 更改元素之间的关系

2. 用自动生成的新名称保存项目副本，可以选择( )命令。
   A. 文件>保存　　　　　　　　　　　　B. 文件>增量保存
   C. 文件>另存为>另存为　　　　　　　　D. 文件>另存为>将副本另存为 XML

3. PAL D1/DV的像素长宽比为( )。
   A. 1.0　　　　　　　　　　　　　　　B. 0.91
   C. 1.21　　　　　　　　　　　　　　 D. 1.09

4. 帧频率通常用( )表示。
   A. PPI　　　　　　　　　　　　　　　B. 帧/秒
   C. NTSC　　　　　　　　　　　　　　D. PAL

5. 应用于( )的任何效果会影响在图层堆叠顺序中位于该图层之下的所有图层。
   A. 纯色图层　　　　　　　　　　　　　B. 形状图层
   C. 文本图层　　　　　　　　　　　　　D. 调整图层

6. 如果只需要渲染项目中的一部分，可以通过( )来达到目的。
   A. 设置渲染工作区　　　　　　　　　　B. 设置项目分辨率
   C. 设置渲染大小　　　　　　　　　　　D. 设置渲染格式

7. 以下在After Effects中的收集文件功能描述正确的是( )。
   A. 可以将项目中未使用的素材文件删除
   B. 可以将项目包含的素材、文件夹、项目文件等存储在多个新建的文件夹中
   C. 可以将项目包含的素材、文件夹、项目文件等放到一个统一的文件夹中
   D. 可以将项目中未使用的素材文件全部保存在一个文件夹中

8. 展开当前图层的"位置"属性的快捷键是( )。
   A. A键
   B. R键
   C. S键
   D. P键

9. 我国大陆采用的制式是( )。
   A. NTSC
   B. PAL
   C. SECAM
   D. PAL－D

10. 除了( )之外，任何图层都可以是 3D 图层。
    A. 音频图层
    B. 纯色图层
    C. 形状图层
    D. 调整图层

11. 轴模式是指定在其上变换 3D 图层的一组轴，其中世界轴模式是( )。
    A. 将轴与 3D 图层的表面对齐
    B. 将轴与已选择的视图对齐
    C. 将轴与合成的绝对坐标对齐
    D. 将轴与摄像机图层对齐

12. 8-bpc 像素的每个颜色通道可以具有( )。
    A. 从 0(黑色)到 255(纯饱和色)的值
    B. 从 0(黑色)到 32,768(纯饱和色)的值
    C. 黑色
    D. 白色

13. 将横排文本左对齐会( )。
    A. 使段落两端参差不齐
    B. 使段落右侧参差不齐
    C. 使段落左侧参差不齐
    D. 使段落底部参差不齐

14. 如果有多个蒙版相交，则使用最高透明度值，是( )蒙版模式。
    A. 变亮
    B. 变暗
    C. 差值
    D. 相减

15. 在进行影片渲染时，以下说法正确的是( )。
    A. 仍然可以用After Effects进行其他工作
    B. 不能使用After Effects进行其他工作
    C. 整个Windows系统都不能进行其他工作
    D. 只可以使用Adobe的其他程序

16. 在After Effects中，复制图层的快捷键是( )。
    A. Ctrl+V
    B. Ctrl+D
    C. Ctrl+C
    D. Ctrl+B

17. After Effects 属于下列哪种工作方式的合成软件( )。
    A. 使用流程图节点进行工作
    B. 面向层进行工作
    C. 使用轨道进行工作
    D. 综合上面所有的工作方式

18. 在使用画笔绘制时，需要同时设置Paint画笔大小，应该按住(　　)键。
    A. Alt                          B. Ctrl
    C. Shift                        D. P

19. After Effects 的Expression表达式是基于(　　)编程语言的。
    A. Basic                        B. C++
    C. Java Script                  D. SQL

20. 如果希望一个聚光光源的照射边缘柔和些，那么需要(　　)。
    A. 给聚光光源增加一个模糊特效      B. 增大聚光光源的锥形角度值
    C. 增大聚光光源的强度值           D. 增大聚光光源的锥形羽化值

21. 要显示"时间轴"面板中所选图层的绘画描边，可以在键盘上连续按两次(　　)键。
    A. A                            B. B
    C. P                            D. D

22. 在"绘画"面板中，对于画笔和仿制描边，(　　)是指涂上颜料的速度。
    A. 不透明度                      B. 通道
    C. 持续时间                      D. 流量

23. 要创建新的预设画笔，可以(　　)。
    A. 在"画笔"面板中指定所需设置，然后从"画笔"面板菜单中选择"新建画笔"命令
    B. 选择画笔，然后从面板菜单中选择"重命名画笔"命令
    C. 从面板菜单中选择"删除画笔"命令
    D. 从"画笔"面板菜单中选择"重置画笔笔尖"命令

24. 使用【内部/外部键】抠像时，至少需要(　　)个蒙版才能使用。
    A. 1                            B. 2
    C. 3                            D. 4

25. 在使用"网格变形"制作变形效果的时候，(　　)操作可以记录变形动画。
    A. 网格变形特效自动记录变形动画    B. 激活扭曲网格参数的关键帧记录器
    C. 激活行数参数的关键帧记录器      D. 激活列数参数的关键帧记录器

26. (　　)属性发生变化，会影响素材缩放和旋转的中心点。
    A. 位置                          B. 缩放
    C. 旋转                          D. 锚点

27. 蒙版混合模式用于控制图层中的蒙版如何彼此交互。默认情况下，所有蒙版均设置为(　　)。
    A. 相加                          B. 相减
    C. 变亮                          D. 变暗

28. 如果将蒙版羽化宽度设置为25，则(　　)。
    A. 羽化扩展蒙版边缘内部的 25 像素及其外部的 25 像素
    B. 羽化扩展蒙版边缘内部的 12.5 像素及其外部的 12.5 像素

C. 羽化扩展蒙版边缘内部的 2 像素及其外部的 5 像素

D. 羽化扩展蒙版边缘内部的 5 像素及其外部的 2 像素

29. (　　　)是由4个效果点定义,位置和颜色均使用"位置和颜色"控件设置动画。

A. 四色渐变效果

B. 高级闪电效果

C. 音频频谱效果

D. 音频波形效果

30. (　　　)可为图像的 Alpha 边界增添明亮的外观,通常为 2D 元素增添 3D 外观。

A. 3D 眼镜效果

B. 投影效果

C. 斜面 Alpha 效果

D. 径向阴影效果

31. 要移除颗粒或可见杂色,可以使用(　　　)。

A. 匹配颗粒效果

B. 中间值效果

C. 杂色 Alpha 效果

D. 移除颗粒效果

32. 以下关于"置换图"效果说法错误的是(　　　)。

A. 置换图效果可扭曲图层

B. 置换由置换图的颜色值决定

C. 颜色值为 0,可生成最大的正置换

D. 颜色值为 128,不生成任何置换

33. 以下关于"放大"效果说法错误的是(　　　)。

A. 放大效果只可扩大图像的全部区域

B. 放大区域的半径,以像素为单位

C. 放大区域的不透明度,以原始图层的不透明度百分比形式显示

D. 放大区域的半径等于"放大率"值(百分比)乘"大小"值

34. 以下关于"波纹"效果说法错误的是(　　　)。

A. 波纹效果可在指定图层中创建波纹外观,这些波纹朝靠近同心圆中心点的方向移动

B. 使用"波形速度"控件,可以为波纹设置动画

C. "不对称"会产生外观更真实的波纹

D. "对称"波纹产生的扭曲较少

35. 以下关于"块溶解"效果说法错误的是(　　　)。

A. 块溶解效果使图层消失在随机块中

B. 使用"草图"品质时,块使用子像素精度放置并具有模糊的边缘

C. 以像素为单位单独设置块的宽度和高度

D. 此效果适用于8-bpc和16-bpc颜色

36. 以下关于"发光"效果说法错误的是(　　　)。

A. 发光效果可找到图像的较亮部分,然后使这些像素和周围的像素变亮

B. 发光效果可以模拟明亮的光照对象的过度曝光

C. 基于 Alpha 通道的发光仅在不透明和透明区域之间的图像边缘产生漫射亮度

D. 发光效果往往在8-bpc项目中更明亮、更真实,这是因为 8-bpc 项目的高动态范围可防止发光的颜色值被修剪

## 二、多项选择题：在每小题的备选答案中选出二个或二个以上正确答案，并将正确答案的代码填在题干上的括号内。

1. 在After Effects中，常规工作流程包括( )。
   A. 导入和组织素材　　　　　　　　　B. 在合成中创建、排列和组合图层
   C. 修改图层属性和为其制作动画　　　D. 添加效果并修改效果属性
   E. 预览　　　　　　　　　　　　　　F. 渲染和导出

2. 在After Effects中，可以导入的素材文件包括( )。
   A. 移动图像文件　　　　　　　　　　B. 静止图像文件
   C. DWG文件　　　　　　　　　　　　D. 音频文件

3. 矢量图层包括( )。
   A. 形状图层　　　　　　　　　　　　B. 音频图层
   C. 文本图层　　　　　　　　　　　　D. 矢量图形文件用作源素材的图层

4. 要将多个图像文件作为一个图像序列导入时，( )。
   A. 这些文件必须位于相同文件夹中
   B. 这些文件的尺寸大小必须统一
   C. 必须使用相同的数字或字母顺序的文件名模式
   D. 在"导入文件"对话框中，勾选"PNG序列"复选框

5. 摄像机工具包括( )。
   A. 绕场景旋转工具　　　　　　　　　B. 绕光标旋转工具
   C. 在光标下移动工具　　　　　　　　D. 向光标方向推拉镜头工具

6. 3D图层具有"材质选项"属性，包括( )。
   A. 投影　　　　　　　　　　　　　　B. 镜面强度
   C. 漫射　　　　　　　　　　　　　　D. 金属质感

7. 关于矢量图形，以下说法正确的有( )。
   A. 矢量图形由名为矢量的数学对象定义的直线和曲线组成
   B. 每个矢量图形都包含固定数量的像素
   C. 矢量图形元素的示例包括蒙版路径、形状图层的形状和文本图层的文本
   D. 矢量图形维持清晰的边缘并在调整大小时不丢失细节，因为它们与分辨率无关

8. 解释素材的功能是( )。
   A. 指定带Alpha通道的素材文件在导入中使用何种类型
   B. 解释素材文件的格式
   C. 解释素材文件的来源
   D. 对场进行设置

9. 对于蒙版的作用，描述正确的是( )。
   A. 蒙版可以对指定的区域进行屏蔽
   B. 某些效果需要根据蒙版发生作用

C. 产生屏蔽的蒙版必须是闭合的

D. 应用于效果的蒙版必须是闭合的

10. 关于点文本,以下说法正确的是(　　　)。

A. 在输入点文本时,每行文本都是独立的

B. 文本基于定界框的尺寸换行

C. 可以随时调整定界框的大小,这会导致文本在调整后的矩形内重排

D. 在编辑文本时,行的长度会随之增加或减少,但它不会换到下一行

11. 使用"字符"面板设置字符格式,(　　　)。

A. 如果选择了文本,在"字符"面板中所做的更改仅影响选定文本

B. 如果没有选择文本,在"字符"面板中所做的更改将影响所选文本图层和文本图层的选定源文本关键帧

C. 如果没有选择文本,并且没有选择文本图层,在"字符"面板中所做的更改将成为下一个文本项的新默认值

D. 如果选择了文本,在"字符"面板中所做的更改将成为下一个文本项的新默认值

12. 关于字体,以下说法正确的是(　　　)。

A. 字体大小确定文字在图层中显示的大小

B. 在 After Effects 中,字体的度量单位是像素

C. 如果将文本图层缩放到 200%,字体显示为双倍大小

D. 在选择字体时,不可以独立地选择字体系列及其字体样式

13. 通过(　　　)可以更改文本填充或描边颜色。

A. 使用拾色器设置填充或描边颜色

B. 单击"交换填充和描边"按钮

C. 单击"设置为黑色"按钮

D. 单击"设置为白色"按钮

14. 产生投影效果的灯光图层有(　　　)。

A. 聚光灯 　　　　　　　　　　　　 B. 平行光

C. 点光源 　　　　　　　　　　　　 D. 环境光

15. 绘制蒙版工具有(　　　)。

A. 多边形工具 　　　　　　　　　　 B. 手形工具

C. 星形工具 　　　　　　　　　　　 D. 钢笔工具

16. "3D通道"组中包含的效果有(　　　)。

A. 场深度 　　　　　　　　　　　　 B. 3D通道提取

C. 3D点控制 　　　　　　　　　　　 D. 角度控制

17. "表达式控制"组中包含的效果有(　　　)。

A. 阈值 　　　　　　　　　　　　　 B. 图层控制

C. 滑块控制 　　　　　　　　　　　 D. 颜色控制

18. "风格化"组中包含的效果有(　　)。
   A. 发光
   C. 杂色
   B. 动态拼贴
   D. 更改颜色

19. "过渡"组中包含的效果有(　　)。
   A. 投影
   C. 卡片擦除
   B. 高斯模糊
   D. 块溶解

20. "抠像"组中包含的效果有(　　)。
   A. 提取
   C. 线性颜色键
   B. 颜色范围
   D. 可选颜色

21. "模糊和锐化"组中包含的效果有(　　)。
   A. 复合模糊
   C. 色光
   B. 色阶
   D. 摄像机镜头模糊

22. "扭曲"组中包含的效果有(　　)。
   A. 放大
   C. 置换图
   B. 镜像
   D. 液化

23. "生成"组中包含的效果有(　　)。
   A. 描边
   C. 阴影/高光
   B. 网格
   D. 三色调

24. "透视"组中包含的效果有(　　)。
   A. 3D眼镜
   C. 斜面Aphla
   B. 投影
   D. 路径文本

25. "颜色校正"组中包含的效果有(　　)。
   A. 颜色平衡
   C. 曲线
   B. 色阶
   D. 色调

26. "杂色和颗粒"组中包含的效果有(　　)。
   A. 分形杂色
   C. 时间扭曲
   B. 中间值
   D. 残影

27. "音频"组中包含的效果有(　　)。
   A. 低音和高音
   C. 调制器
   B. 倒放
   D. 混响

28. 在"编辑>首选项"菜单中，可以设置(　　)。
   A. 撤销次数
   C. 路径点大小
   B. 用户界面颜色
   D. 默认的空间插值方式

29. 关于渲染输出,以下说法正确的是(　　　)。
　　A. 不可以暂停渲染　　　　　　　　B. 可以指定渲染输出的文件名和位置
　　C. 不可以停止渲染　　　　　　　　D. 可以显示渲染进度

30. After Effects支持的输出格式有(　　　)。
　　A. Targa格式　　　　　　　　　　　B. AVI格式
　　C. MOV格式　　　　　　　　　　　D. JPEG格式

## 三、填空题

1. 在视频编辑中,最小的单位是_____。

2. 像素是用来_____的一种单位。

3. 通常所说的色彩三要素是指色彩的_____、_____和_____。

4. 如果使用两台计算机,则利用_____功能可轻松保持这两台计算机的设置同步。

5. 由两个不同的原色相互混合所得出的色彩就是_____。

6. 绘画工具包括_____、_____和_____。

7. 使用_____工具可以从一个位置和时间复制像素值,并将其应用于另一个位置和时间。

8. After Effects 采用_____颜色模式在内部处理颜色。

9. 如果希望临时使用某内容代替素材项目,可使用_____或_____。

10. 具有 Alpha 通道的图像文件通过两种方式之一存储透明度信息:_____或_____。

11. 通过"文件>解释素材>主要"命令中的_____选项,可以在项目中连续循环某个可视素材项目。

12. 在时间轴面板中,通过_____可以为制作动画、预览或最终输出隔离一个或多个图层。

13. 每一帧由两个场组成,即_____和_____,又称为_____和_____。

14. 像素长宽比指图像中一个像素的_____与_____之比。

15. 世界上主要使用的电视制式有_____、_____和_____3种。

16. _____开关可防止意外编辑图层。

17. _____是具有可见图层的所有属性的不可见图层。

18. 摄像机图层有_____和_____两种类型。

19. 在"合成""图层"或"素材"面板中将一个视图与另一个进行比较时,可以使用_____命令。

20. _____(或位深度)用于表示像素颜色的每通道位数,在 After Effects 中,可以使用_____、_____或_____颜色。

21. 横排文本从_____到_____排列,多行横排文本从_____往_____排列。

22. 对于文本，_____应用于单个字符的形状内部的区域；_____应用于字符的轮廓。

23. _____蒙版可以为图层创建透明区域。

24. After Effects 2022的菜单栏包含9个菜单，分别是_____、_____、_____、_____、_____、_____、_____、_____和_____。

25. 使蒙版边缘从透明度更高逐渐减至透明度更低，可以使用_____命令。

26. 跟踪遮罩包括_____、_____、_____和_____4种类型。

27. 全选所有图层的快捷键是_____。

28. 如果要对合成中已存在的某些图层进行分组，可以_____这些图层。

29. 用户可以使用_____或_____为图层属性添加动画。

30. 通道模糊效果可分别使图层的_____、_____、_____或 Alpha 通道变模糊。

# 四、概念题

1. 像素的基本概念。

2. 像素长宽比的基本概念。

3. 帧的基本概念。

4. 帧速率的基本概念。

5. GIF格式的基本概念。

6. JPEG格式的基本概念。

7. TIFF格式的基本概念。

8. BMP格式的基本概念。

9. TGA格式的基本概念。

10. PSD格式的基本概念。

11. PNG格式的基本概念。

12. MPEG格式的基本概念。

13. AVI格式的基本概念。

14. MOV格式的基本概念。

15. ASF格式的基本概念。

16. WMV格式的基本概念。

17. FLV格式的基本概念。

18. F4V格式的基本概念。

19. WAV格式的基本概念。

20. MP3格式的基本概念。

21. MIDI格式的基本概念。

22. WMA格式的基本概念。

23. Real Audio格式的基本概念。

24. AAC格式的基本概念。

25. 三原色的基本概念。

26. 明度的基本概念。

27. 色相的基本概念。

28. 饱和度的基本概念。

29. 常见运动镜头的基本概念。

## 五、操作题

### 1. 案例：屏幕动画

素材文件：实例文件/第4章/综合实战/屏幕动画

教学视频：多媒体教学/第4章/屏幕动画.avi

技术要点：针对关键帧设置的基础案例。通过本案例，能够了解和掌握基础二维动画创建的方式。

制作要求：根据提供的素材和教学视频，制作视频片段，提交制作好的工程文件和MP4格式的视频输出文件。

### 2. 案例：电视栏目开头动画

素材文件：实例文件/第4章/综合实战/电视栏目开头动画

教学视频：多媒体教学/第4章/电视栏目开头动画.avi

技术要点：使用添加图层关键帧的方法制作相对复杂的动画效果。

制作要求：根据提供的素材和教学视频，制作视频片段，提交制作好的工程文件和MP4格式的视频输出文件。

### 3. 案例：火焰文字

素材文件：实例文件/第5章/综合实战/火焰文字

教学视频：多媒体教学/第5章/火焰文字.avi

技术要点：本案例是文字层配合内置的效果的综合案例，通过多个效果的添加，模拟真实的火焰效果。

制作要求：根据提供的素材和教学视频，制作视频片段，提交制作好的工程文件和MP4格式的视频输出文件。

#### 4. 案例：跳动的海豚动画

素材文件：实例文件/第6章/综合实战/跳动的海豚

教学视频：多媒体教学/第6章

技术要点：本案例是针对形状工具使用的综合性案例，通过本案例完成卡通风格动画效果的制作。

制作要求：根据提供的素材和教学视频，制作视频片段，提交制作好的工程文件和MP4格式的视频输出文件。

#### 5. 案例：画卷动画

素材文件：实例文件/第7章/综合实战/画卷动画

教学视频：多媒体教学/第7章/画卷动画.avi

技术要点：蒙版工具的综合使用。

制作要求：根据提供的素材和教学视频，制作视频片段，提交制作好的工程文件和MP4格式的视频输出文件。

#### 6. 案例：3D水面

素材文件：实例文件/第8章/综合实战/3D水面

教学视频：多媒体教学/第8章/ 3D水面.avi

技术要点：三维图层的综合使用。

制作要求：根据提供的素材和教学视频，制作视频片段，提交制作好的工程文件和MP4格式的视频输出文件。

#### 7. 案例：雨中美景

素材文件：实例文件/第9章/综合实战/雨中美景

教学视频：多媒体教学/第9章/雨中美景.avi

技术要点：本案例是将素材通过调色命令，首先模拟阴天效果，再通过内置效果的添加，模拟雨滴打落在镜头上的效果。

制作要求：根据提供的素材和教学视频，制作音频片段，提交制作好的工程文件和MP4格式的视频输出文件。

### 8. 案例：动画镜头合成

素材文件：实例文件/第10章/综合实战/动画镜头合成

教学视频：多媒体教学/第10章/动画镜头合成.avi

技术要点：本案例是将定格动画素材进行抠像技术处理并合成片段效果的综合案例。

制作要求：根据提供的素材和教学视频，制作视频片段，提交制作好的工程文件和MP4格式的视频输出文件。

### 9. 案例：定格动画镜头合成

素材文件：实例文件/第11章/定格动画镜头合成

教学视频：多媒体教学/第11章/定格动画镜头合成.avi

技术要点：动画片段合成的综合应用。

制作要求：根据提供的素材和教学视频，制作视频片段，提交制作好的工程文件和MP4格式的视频输出文件。

### 10. 案例：水墨风格动画制作

素材文件：实例文件/第11章/水墨风格动画

教学视频：多媒体教学/第11章

技术要点：水墨风格动画的综合应用。

制作要求：根据提供的素材和教学视频，制作视频片段，提交制作好的工程文件和MP4格式的视频输出文件。

### 11. 案例：赛博朋克风格动画制作

素材文件：实例文件/第11章/赛博朋克风格案例

教学视频：多媒体教学/第11章/赛博朋克风格案例/赛博朋克风格案例.mp4

技术要点：赛博朋克风格动画的综合应用。

制作要求：根据提供的素材和教学视频，制作视频片段，提交制作好的工程文件和MP4格式的视频输出文件。